渤海海岸贝壳堤湿地植被特征及保护措施

赵艳云 著

U0337848

中国矿业大学出版社

·徐州·

内 容 提 要

本书针对当前滨海湿地植被退化、植物物种濒临灭绝的现状,以滨海湿地生态系统的植被保护和恢复为最终目标,研究了渤海海岸贝壳堤湿地高等植物植被特征,探讨了该地区的植被保护措施。全书共计八章,主要内容包括:第一章滨海沙滩(丘)湿地植被研究现状,第二章研究区域概况及研究内容,第三章渤海海岸贝壳堤湿地高等植物组成分析,第四章渤海海岸贝壳堤湿地植物群落类型及特征,第五章渤海海岸贝壳堤湿地植被空间格局及影响因子探讨,第六章渤海海岸贝壳堤湿地植物群落稳定性及驱动因子分析,第七章渤海海岸贝壳堤湿地植被保护优先次序及恢复策略,第八章结论与展望。

本书可供高等院校和科研院所从事环境生态研究的人员及涉海企事业单位从事滨海湿地的环境治理和保护的管理和技术人员参考。

图书在版编目(C I P)数据

渤海海岸贝壳堤湿地植被特征及保护措施 / 赵艳云著. —徐州:中国矿业大学出版社,2021.7
ISBN 978 - 7 - 5646 - 5061 - 2

Ⅰ. ①渤… Ⅱ. ①赵… Ⅲ. ①渤海—沼泽化地—植被—研究 Ⅳ. ①Q948.52

中国版本图书馆 CIP 数据核字(2021)第 129726 号

书　　名	渤海海岸贝壳堤湿地植被特征及保护措施	
著　　者	赵艳云	
责任编辑	夏　然	
出版发行	中国矿业大学出版社有限责任公司	
	(江苏省徐州市解放南路　邮编221008)	
营销热线	(0516)83884103　83885105	
出版服务	(0516)83995789　83884920	
网　　址	http://www.cumtp.com　E-mail:cumtpvip@cumtp.com	
印　　刷	江苏凤凰数码印务有限公司	
开　　本	787 mm×1092 mm　1/16　印张 7.25　字数 146 千字	
版次印次	2021 年 7 月第 1 版　2021 年 7 月第 1 次印刷	
定　　价	43.00 元	

(图书出现印装质量问题,本社负责调换)

前　言

受损生态系统的植被恢复一直是生态学家的研究热点。滨海湿地是海陆连接地带，是抵挡海洋向陆岸侵蚀的最前沿的天然防线，在海—陆物流交换过程中发挥了重要的障蔽和筛滤作用。植物作为滨海湿地生态系统的重要组成部分，在恶劣的海岸环境条件下仍能存活，除了支撑了整个生态系统的食物链（网）外，其地下部分——根系能够固定基底，地上部分——枝和叶可以消风滞浪，在促淤护岸、孕育生物多样性、分解消纳污染物、抵制自然灾害、保护陆岸基础设施及人民生命财产安全等方面发挥了举足轻重的作用，具有弥足珍贵的保护意义和生态价值。然而，在人类压力的作用下，湿地植物赖以生存的生境出现面积萎缩、破碎甚至消失的现象，物种的灭绝风险日益升高，导致土壤侵蚀等灾害频繁发生，也加剧了未来海平面上升对沿海居民生命财产安全的威胁。因此，从人类的长远利益来看，必须重视海岸带地区湿地植被的保护工作，也迫切需要在退化地区进行植被恢复。本书针对当前滨海湿地植被退化、植物物种濒临灭绝的现状，以滨海湿地生态系统的植被保护和恢复为最终目标，于 2009—2015 年间，利用野外踏查、样带和样方相结合的调查方法，研究渤海海岸贝壳堤湿地高等植物的区系特征；采用相关性分析、主坐标分析和聚类分析的方法，分析贝壳堤湿地植物成分与周边湿地植物的相似性；结合我国植物群落的命名办法和双向指示种分析（TWINSPAN）分类的研究结果，明确该地区的植被类型，分析各群落的结构特征并确定了该地区的优势植物群落类型；利用布雷-柯蒂斯（Bray-Curtis）层次聚类、CCA 排序和方差分解的方法，分析贝壳堤湿地植被的空间分布格局，明确影响物种、群落分布的关键因子；运用戈德龙（Godron）稳定性的测定办法，分析样方、群落和样带尺度上植物群落的稳定性；利用皮尔逊（Pearson）相关性分析，探讨渤海海岸贝壳堤湿地群落稳定性变化的驱动因子；通过植物的濒临消失风险指数、遗传损失指数、利用价值指数，确定贝壳堤湿地植物的保护优先次序；结合物种、群落分布的影响因素、群落稳定性变化的驱动因子、植物的保护优先次序，提出了切实可行的植被恢复策略。

感谢中国矿业大学（北京）化学与环境工程学院陆兆华老师在本书的构思、设计等过程中给予的帮助。感谢滨州贝壳堤岛与湿地国家级自然保护区、山东省黄河三角洲生态环境重点实验室提供实验场所和相关软硬件支持。本书的撰写过程得到了山东科技大学安全与环境工程学院各位领导及环境工程系各位老师的热情支持与帮助，在此表示衷心感谢。感谢国家自然科学基金面上项目（编号：42077444）、山东省自然科学基金面上项目（编号：ZR2020ME101）、山东科技大学人才引进计划项目（编号：2017RCJJ037）等的资助。

由于作者学术水平、研究条件和研究时间的局限，还有许多与本书密切相关的问题未曾涉及或未做深入研究。另外，本书涉及的某些问题带有探讨性质，其他方法和结论有待进一步检验和完善。因此，本书难免存在不足之处，敬请广大读者批评指正。

赵艳云

2021 年 5 月

目　　录

第一章　滨海沙滩(丘)湿地植被研究现状

全球海平面上升已成为一个不争的事实[1-2]。根据 2007 年全球政府间气候变化专业委员会第四次评估报告,19 世纪中期以来,海面上升速率不断增加,预计到 2100 年,全球海平面将上升 100 cm 甚至更多[3-4]。持续的海平面上升会增加风暴潮、海岸侵蚀和低地淹没的概率及频率,并给沿海地区的自然环境和经济发展带来重大影响[5]。

滨海湿地是海陆连接地带,是海洋向陆岸侵蚀最前沿的天然防线,在海—陆物流交换过程中发挥了重要的障蔽和筛滤作用[6-7]。植物作为该生态系统的重要组成部分,在这种恶劣的环境——地貌动态变化[8]、淡水稀缺[9]、养分匮乏[10-11],地下水位浅且受海陆双向作用交换,海风、海浪、盐雾、侵蚀、风暴潮等条件下仍能存活[12-19],除了支撑了整个生态系统的食物链(网)外,其地下部分——根系能够固定基底[20-21],地上部分——枝和叶可以消风滞浪[12],在促淤护岸、孕育生物多样性、分解消纳污染物、抵制自然灾害、保护陆岸基础设施以及人民生命财产安全等方面发挥了举足轻重的作用,具有弥足珍贵的保护意义和生态价值[1,6,12,22,]。然而,在人类压力的作用下,湿地植物赖以生存的生境出现面积萎缩、破碎甚至消失的现象,物种的灭绝风险日益升高[23],导致土壤侵蚀等灾害频繁发生[24-25],也加剧了将来海平面上升对沿海居民生命财产安全的威胁[5]。因此,从人类的长远利益来看,必须重视海岸带地区湿地植被的保护工作,也迫切需要在退化地区进行植被恢复[15,25-26]。

滨海沙滩(丘)是滨海环境中一类以砂子、砾石等为基质的海陆交错地带湿地生态系统,特殊的基质地质条件和海陆交接环境赋予了其特殊的生境特征并孕育了特定的植物种类,在沙滩(丘)的保护和海岸环境的维持等方面发挥了重要作用。而天然植物的分布格局及其动态不仅能够反映环境对植物生存和生长的影响[15,27],也表明了植物对生境的生态适应对策[28],

可以为物种保护和植被恢复工作提供技术借鉴[26]。明确影响植物分布和群落稳定性的关键因素,并探讨植物保护的优先次序,则会为生态系统的物种保护和恢复工作提供理论依据[29-31]。

一、滨海沙滩(丘)定义

由于海浪推送、海风吹蚀和河流入海携带等作用,海岸最前沿的潮间带及其上往往存在砾石或淤泥质沙滩[32-33]。在长期的作用下,有些海岸沙滩会堆积为沙丘甚至成链状的沙质海岸,因此,国外又称之为海岸沙丘系统[15]。在现实中,这些海岸沙滩(丘)与陆岸毗邻的天然或人工湿地相连,因此,沙滩、陆岸湿地结合处称为海岸沙滩(丘)湿地生态系统[14],我国林业局将此类湿地称之为潮间沙石海滩湿地[34],是滨海湿地的一种类型,在山东半岛、江苏、浙江、上海及福建海岸的分布较广。

二、滨海沙滩(丘)湿地生境特征

一般而言,沿海沙滩或沙丘具有较大的地貌变异性。根据沙丘的发育以及堆积的形状,海岸沙滩和沙丘往往有雏形前丘、抛物线沙丘、新月形沙丘、前丘沙脊、横向丘脊、横向沙脊、纵向沙垄、爬坡沙丘、海岸沙席、风蚀残丘和风蚀洼槽等形式(图1.1)[35]。从海向陆,海岸沙丘依次出现前滨、丘顶和后滨(远滨)等沙丘地貌。同时,距离海洋最近的沙滩,是海陆相互作用最直接的区域,易受海浪、海风的侵袭,沙丘移动性强,形状易变,同时也是盐雾或盐沫、沙埋、海岸侵蚀等胁迫发生的地区[36-37]。丘顶海拔最高,但是海风频繁,干旱时常发生;后滨是较为稳定的沙地,具有地下水位低,地下盐水胁迫的特点[38]。但是在海岸沙丘的发育过程中,地貌复杂性远远不仅如此,沙丘形状、面积、高度、起伏特性、移动特点、海岸地理位置、陆源生物流等会造成生境片段化和微生境的差异[39]。

海岸沙丘的土壤基质主要为疏松无结构的沙粒,透水性强,持蓄水分的能力较弱,土壤含水量较低,白天受热快,蒸发强烈,加之海风盛行,干旱频繁发生,而在夜间降温迅速,日温差较大[40]。对于裸露的沙丘来说,多沙基质会形成两个主要的胁迫环境,一是暴露造成的日灼,二是土壤水分和温度的剧烈变化。其次,随距离海洋的远近,会由于海风搬运能力的差异而发生

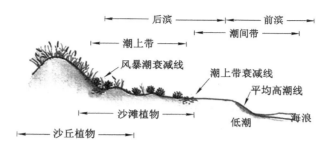

图 1.1　沙滩(丘)植被分布示意图

变异,土壤粒径会呈现由海向陆,小粒径物质越来越多而大粒径物质趋于减少的情况,而这也会影响土壤—植物—大气三者之间的交换,从而影响地球物质大循环。此外,海岸带沙丘养分流失较快,加之毛管作用弱,地下水提升能力有限,深层养分很难补充表层土壤的亏缺,因而整个剖面层次的土壤养分匮乏[41-42]。

海岸沙丘处于海陆各种物质、能量交换频繁的过渡地带,具有丰富的资源,是沿海居民大规模渔业捕捞、鱼塘和盐池等建设活动的主要场所。而随着经济的发展,沙滩旅游业也得到广泛的发展[18]。此外,近几年为解决资源、能源的紧缺和防止海岸侵蚀,海岸地区的土地开垦、能源开采和水利防护工程等建设也是层出不穷,不仅影响着海陆间物质和能量的流动,而且会改变海岸沙丘原有的生境条件和植物群落类型与结构,改变植物群落的自然演替模式[43]。

三、滨海沙滩(丘)湿地植被研究历史

自人类诞生以来,滨海沙滩便因具有丰富的资源和优美的风光等优势而受到人们的青睐,因此滨海沙滩(丘)有史以来便遭受着人类活动的利用干扰。但是沙滩植物却一直未引起足够的重视。

20 世纪 80 年代,随着生态学的发展,一些具有敏感科研嗅觉的生态学家意识到沙滩植被的重要性以及人类干扰对沙滩植被的影响,在挪威西南海岸[44]、以色列沙龙平原北部靠近 Sdot Yam 的地中海沿岸地区[45]开展了沙滩(丘)生态系统的植被调查研究。我国邓义等[46]在 1988 年也开展了对广东海岸沙滩沙生植被的调查。

20 世纪 90 年代,对沙滩植被的研究在国外得到了长足发展,尤其以北美洲墨西哥湾沿岸海域沙滩,如英国伦敦海岸[47],维拉克鲁斯的拉曼恰海湾[48]以及比利时德范妮海岸[49]沙滩植被与环境的关系成为众多学者研究的热点。在我国,徐德成[50-51]对胶东半岛和山东半岛、刘昉勋等[52]对江苏海岸沙生植被的研究也有了进一步的发现。

进入 21 世纪以来,沙滩的重要性日益得到学者们的重视,涌现了地中海沿岸许多国家的海岸沙丘[15,29,53-54]、墨西哥湾沿岸[55-56]、亚洲的朝鲜半岛[57]、非洲东海岸肯尼亚海岸线[58]、澳大利亚东岸弗雷泽岛[59]、大西洋沿岸南美洲东南岸[39]等地区大量沙丘和沙滩植被格局及形成机制的研究成果。我国的杨小波和胡荣桂[60]、张治国等[61]分别对热带海岸和胶东半岛的沙滩植被格局成因进行了积极有效的探索。

近年来,随着全球变化以及海滩重要性的日益突出,国际上对海滩植被的研究内容、研究技术和方法更是层出不穷[15,27,31],而我国相继对东南沿海如山东海岸[62-63]、上海滨海湿地[63]、江苏省海岸[64]沙生植被资源以及与生境之间关系进行了深入研究,进一步丰富了我国对海岸沙滩植被的探索。

四、海岸沙丘植被格局

国际上对滨海沙滩植物物种数目并没有达成一致共识。尽管大多数研究表明,相比滨海泥炭或淤泥质湿地,海岸沙滩(丘)天然植被种类相对匮乏,种群单一,优势种明显,天然植物物种少于 100 种是常见的研究结果[65]。但也有部分研究表明,物种数目或丰度的差异与沙滩特定的生境条件关系密切,保护较好、沙丘覆盖范围或面积较大、地貌复杂、气候适宜等的沙滩地区也会孕育较高物种数目[58-66]。由于天然物种的清查一方面反映了植物对生境的适应性,另一方面也可为今后的沙滩恢复物种选择方面提供理论借鉴[26,67]。因此,有必要对不同海滩沙生植物的物种库进行研究,这对于正确评价沙滩植被的恢复潜力以及恢复物种的筛选工作将具有重要意义。

沙滩植被的空间分布存在两种理论。一种认为海陆间带状分布是沙滩植被的空间构建特征[15,18]。从海到陆的梯度下,沙滩植物物种、群落、盖度以及外貌甚至动态出现带性分布[26,68]。一般来说,海岸高潮线以及沙丘前缘,多以低矮的草本植物为主,而随着向陆推进,可能会有小灌木以及乔木树种的出现[69]。因而近海到远海的沙滩上,植被生活型的条带性明显。墨西哥湾海岸、我国的一些海岸沙滩植被系统的调查都证明了这一点[70-71]。而沙丘前缘地区海水侵蚀的频繁,物种也不得不在尽量短的时间内完成生活史,生命周期短,因而相比远海沙滩,近海沙滩植被的季节更替明显[72]。另一种理论认为,沙滩植被的隐域性特征突出、斑块状分布明显[27,58,70,73]。究其原因,可能与研究的尺度有关。因此需要完善多尺度下沙滩植被格局的研究,从而进一步揭示海滩植被的装配模式以及生存、共生等机理。

海岸沙滩(丘)植被群落的演替模式多样。对于人类干扰较少的滨海沙滩而言,近海的沙丘前缘或前丘,影响植物生长及演替的因素是砂质生境以及水盐状况,因而属于外因性演替和原生演替,而一旦有海浪侵袭或沙埋的发生,则会导致原有植被几乎全部死亡,因而海浪退后继而会发生次生演替和异发性演替。在高潮线之上沙丘较为稳定的地区,植物的入侵生长导致严酷的土壤环境条件得以改善,不同的草本植物甚至灌木和乔木物种逐渐建植,在干扰活动缺少的前提下属于顺向的自发性演替[74]。但在干扰强度较大和持续时间较长的前提下,次生演替会呈现逆向的甚至跳跃式的群落更替模式[43]。而研究过程中也发现因人类对能源、土地等资源的需求,例如水产业、围垦、大型水利、油气工程建设等活动导致海岸沙丘植被群落退化乃至逆向演替现象的发生[43]。

海岸沙丘植被演替的顶级群落至今仍存在争议。有学者认为海岸沙滩带状分布沙丘植被群落正是与生境条件尤其是成土年龄吻合的顶级群落[20],但也有学者认为随着全球气候变暖导致的海岸线后退,海岸沙丘环境逐渐通过植物的建植改善后,最终会形成与气候带相适应的统一的植被群落[74-75]。

五、植被格局成因及演替驱动因素

(一)非生物因素

大尺度上气候决定沙滩植被的组成和结构一直以来受到学者们赞同[74-75]。而地形和海浪侵蚀在决定地下水位高度、海风、海雾、沙埋的频率和概率等非生物环境方面起到了重要作用,被认为是两种控制植被带状分布的重要因素[18,27]。而有学者也发现风暴潮的发生状况及海风、海雾会促成植被的空间变异性[15,75-76]。

土壤是植物生长的支撑以及养分的主要来源库,对植物的存活及生长起到了重要作用。其中,土壤物理结构决定了土壤对水、热、盐、养分等的持蓄能力,因而部分学者探讨了其对海岸沙丘植被分布的影响[77]。而沙滩地区淡水资源匮乏,地下水位浅以及海水入侵常常发生,因此土壤水分状况及与土壤水分相关的水文因素等是学者考虑关乎物种生存和分布的不可或缺的因素[75,78-79]。2012 年,B. L. Turner 等[80]在对新西兰南岛西海岸哈斯特沙丘生态系统的低地温带雨林的研究中还发现了土壤养分对温带雨林植被组成的显著影响。随后 I. Johnsen 等[17]也得到了类似的结果。

光照影响了植物的光合条件,也是裸露沙滩日灼逆境的一个重要方面。R. Bermúdez & R. Retuerto[78]认为,沙滩太阳辐射和沙面反射对植物的生长、存活以及植物在群落中的地位会产生重要影响,会影响不同耐荫或光照植物的更新[78,81]。随着研究的深入,T. E. Miller 等[75]还认为微尺度下,不同沙滩地貌决定植物分布的因子因小生境的差异而不同。

（二）生物因素

生物因素对植物分布格局的影响近几年是沙滩植被构建考虑的重要方面。L. J. Boyes 等[82]认为生物对植物幼苗的偏好性取食,促使了植被群落物种的生长与更新。C. Damgaard 等[83]也认为放牧会影响矮灌木的生长,而有利于草本植物和莎草植物的多样性生长。种间关系也被认为关乎沙滩植被分布的重要因素[84-85]。同时,入侵植物对海岸沙丘生态系统植物分布也存在重要影响[86-87]。而人类活动作为普遍存在的一种干扰压力,在很多地区也都有其对海岸沙滩植被分布和格局影响的报道[15,43]。随着功能多样性在生态学中的广泛应用,有些学者发现,沙滩植物的分布格局与物种本身的扩散机制、生存机制存在重要关联[11,78,88]。

六、滨海沙滩湿地植被恢复对策

植被恢复是湿地恢复的前提。随着全球范围生物多样性保护意识的增强,越来越多的学者关注并致力于受损湿地濒危植物的保护和恢复工作。海岸沙滩湿地生态系统具有比滨海湿地更为恶劣的海岸生境条件,在该地区进行植被保护和恢复是一项任重而道远的工作。

（一）原生境保护

海岸生境是沙丘植物生长的初始环境,植物适应了这种极端的环境,因此对于维持海岸的稳定性和生态系统功能发挥便具有弥足珍贵的价值。人类活动诸如旅游践踏、沙滩开采、机动车辆等活动导致沙滩环境急速变化,严重影响了植被的生长和存活[18,67]。在欧洲,海岸线生境保护已经列入了欧盟发展规划,减少人类活动干扰、围封等管理措施被证明在保护沙滩植被方面起到了正向效应[89-90]。

（二）环境重建

为保证植物生长基质的充足补给,围海填沙[91]、创设多样的微地貌[20,27]也取得了沙滩(丘)生态系统植被保育的良好效果。

（三）适宜恢复物种的筛选

海岸湿地恢复适宜物种的确定对于植被的恢复工作具有重要的指导意义[26]。不同物种具有迥异的适应对策[10,71],可以采用不同的恢复对策,例如豆科植物的移植[92]、不同种植制度的优化[90]。而根据不同的生境条件进行合适生物种的选育则可以达到快速的恢复效果[26]。

（四）人工管理措施的调整和优化

根据各种干扰对物种存活、生长等的影响,进行人为的调控可以调整沙滩植被的格局及其特征。例如,通过野草去除和食草动物的取食控制都在沙滩植物的保护和恢复中起到了一定的效果[23]。

综上可以看出,目前关于沙滩植被的研究尚存在以下问题:

（1）全球各沙滩(丘)生态系统的植被研究不均衡。

由于沙滩(丘)生境条件恶劣和人为利用频繁,沙滩植物的生态功能被忽视已久,研究相比其他生态系统起步较晚,研究内容和方法也相对落后,各沙滩生态系统的植被研究极不均衡,阻碍了各沙滩植被保护和恢复工作的进程。

（2）微尺度上影响沙滩(丘)生态系统植物格局的因素重视不够。

海岸沙滩(丘)植被的空间布局受多种因素的影响,且各尺度上影响植被格局的因素存在差异,目前多见大尺度上如气候、海岸侵蚀下,海岸沙滩(丘)生态系统植被覆被变化的研究,而对于小尺度上影响海滩植被生长、分布和演替的关键驱动因素的探讨较少,特别是微尺度上因子的深入探讨可以为特定沙滩生态系统的有效管理以及植被的保护和恢复工作提供数据支持和技术指导。

(3) 沙滩(丘)生态系统植物保护优先次序的定量评价工作尚未开展。

截至目前,尽管部分学者对沙滩生境的植被保护和恢复技术进行了一些积极有效的探索,但由于缺乏对沙滩(丘)生态系统中植物保护优先次序的定量化研究,影响了人们对沙滩生态系统植被恢复潜力、植被承载力等的正确评估,沙滩生态系统保护和恢复技术的有效性有待提高。

第二章　研究区域概况及研究内容

一、研究区域概况

（一）研究区域地理位置

实验在滨州贝壳堤岛与湿地国家级自然保护区开展。该自然保护区位于渤海湾西南岸无棣县北部和中东部地区，地理坐标介于北纬 38°02′50.51″～38°21′06.06″，东经 117°46′58.00″～118°05′42.95″之间，位于黄河三角洲平原沧州—德州和利津两大叶瓣之间的沉溺带上，总面积约为 43 541.54 hm²（图 2.1）。

（二）地质、地貌

滨州贝壳堤岛与湿地自然保护区处于郯庐断裂以西，埕宁隆起与济阳凹陷的接触带上，地势相对低平，主要由宽阔的滨海湿地和贝壳滩脊相间的潮滩地貌组成，属于世界罕见的贝壳滩脊和湿地相间的 chenier 海岸。出露层为侏罗系海陆交互沉寂以及白垩系酸性火山岩和火山碎屑夹泥岩。区内贝壳堤分两类，一类为埋藏型，一类为裸露型。裸露型贝壳岛呈西北—东南向伸展，平面上形似弯月。由于海陆交互作用，沙滩（丘）具有多变的起伏地貌，以海陆两侧低中间滩脊高为其典型的地势特征[71]。

按照《拉姆萨尔公约》中的分类系统，滨州贝壳堤岛与湿地属于天然湿地中的海洋/海岸湿地，按照中国湿地分类系统则属于近海及海岸湿地。滨州贝壳堤岛与湿地生态系统是世界上贝壳堤岛保存最完整、唯一新老堤并存的贝壳滩脊——湿地生态系统，是研究气候变化、海岸线变化、湿地类型及保护和恢复的重要基地，在我国海洋地质、湿地研究工作中占有极其重要的地位[93]。

（三）气候特征

保护区处于暖温带东亚季风大陆性半湿润气候区，具有四季分明、干湿明显、春干多风、夏热多雨、秋凉气爽、冬寒季长的特点。

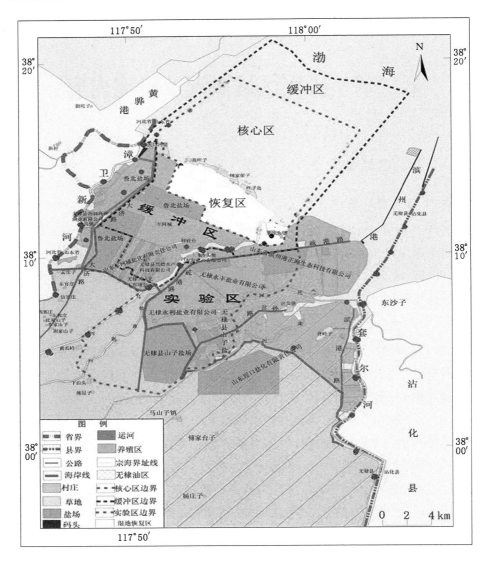

图 2.1　滨州贝壳堤岛与湿地国家级自然保护区示意图

　　根据相关文献记载[72],该区域年均气温为 11.7~12.6 ℃,全年月平均气温以 1 月份最低,为 -3.4~4.2 ℃,7 月份气温最高,为 25.8~26.8 ℃。平均年日照时数为 2 750 h,日照百分率达 62%,属于北方长日照地区。太阳辐射总量介于 515~544 kJ/cm² 之间,平均年降水量为 530~630 mm,降水量年季变化较大,季节分配不均,夏季降水占全年的 70％,多年蒸发量为 2 430.6 mm,长年平均风速较大,多年平均风速为 4.6 m/s。

（四）水文环境

该地区地表淡水来源主要为大气降水和过境客水,地下淡水主要为贝壳堤岛上层滞水[93]。过境河流主要有漳卫新河、德惠新河、马颊河、徒骇河。马颊河和德惠新河的年入海流量约为 $1×10^8$ m^3,徒骇河年入海流量约为 $6.6×10^8$ m^3。地下水位为 $1～2.5$ m,干旱年份的地下水位深达 3 m,甚至有些地方达到 $6～7$ m。

沿海沿岸浅海水温等值线大致与岸线平行,春季（5 月）海水温度在 20 ℃左右,夏季（7—8 月）水温为 $29～30$ ℃,秋季（11 月）水温为 $5～7$ ℃,冬季水温低于 0 ℃。贝壳堤岛地区的潮汐属于不正规半日潮,汪子岛和大口河的平均高潮潮差为 2.89 m,最大潮差为 3.57 m,涨潮历时 $5.300～5.383$ h,落潮历时 $7.033～7.117$ h。研究区潮流流速为 $80～114$ cm/s,风暴潮一年四季均可发生。

（五）人类干扰状况

由于贝壳堤具有优美的风景以及丰富的自然资源,自古以来,该地区的人类干扰活动不断,很多地区已经发展成为村庄、盐化工、养殖塘和旅游景点[71]。2008 年的调查研究表明,贝壳堤岛与湿地自然保护区出露的岛屿仅有大口河岛、高坨子岛、棘家堡子—汪子岛、老沙头堡、车王城岛、秤砣台岛等堤岛（图 2.2）。贝壳堤岛的出露面积仅剩 20 世纪七八十年代的 7.6％。同时,有些地区仍存在贝沙开采烧制瓷器或作为饲料添加剂等活动,导致贝壳堤岛面积锐减,植被赖以生存的环境条件不断减小或分割,因此生物多样性处在丧失的边缘。

高坨子—棘家堡子—汪子岛—赵沙子一带,出露型的贝壳堤滩脊及其湿地连成一片,形成当前最大的贝壳堤岛链湿地生态系统,由于人类活动干扰相对较少,保护得当,是目前仅存的贝壳堤湿地最具有代表性的植被分布地区（图 2.3）,因此,该地区为植被的深入研究提供了理想场所。但是,向陆侧一些养殖塘的围海建设以及人们在收获季节时使用生产捕鱼通道等活动也对该地区贝壳堤湿地的植被产生了不利影响,迫切需要探讨该地区植物生态过程,从而为贝壳堤湿地的保护和恢复提供基础数据支撑。

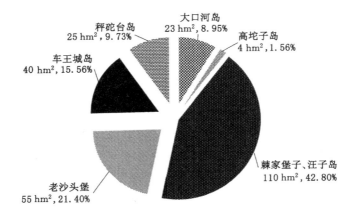

图 2.2　2008 年贝壳堤出露岛屿面积和百分比
（对个别四舍五入的数据进行微调）

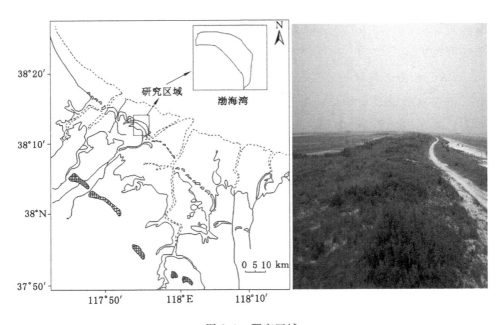

图 2.3　研究区域

　　因此,本书针对高坨子—棘家堡子—汪子岛—赵沙子一带贝壳堤湿地的植被物种组成和群落特征进行研究,力争探讨影响该地区植被分布和群落稳定性的关键因素,确定贝壳堤湿地植物保护的优先次序,从而为该地区的植被保护和恢复工作提供理论指导(图 2.3)。

二、本书的研究思路

(一)技术路线

本书基于当前海岸沙滩(丘)生态系统生态功能退化、迫切需要保护和恢复的紧迫形势,以海岸沙滩(丘)生态系统的植物保护和恢复为最终目标,以渤海海岸贝壳堤湿地生态系统为研究区域,利用分类、排序等技术手段,研究贝壳堤湿地的物种区系特征;分析该地区存在的原生植被类型;探讨植被的分布格局;明确影响植被格局和群落稳定性的关键因素;分析黄河三角洲贝壳堤湿地的植物优先保护次序;提出相应的植被恢复策略,以期为海岸沙滩(丘)生态系统的植物保护和恢复工作提供理论基础与技术支持。技术路线如图 2.4 所示。

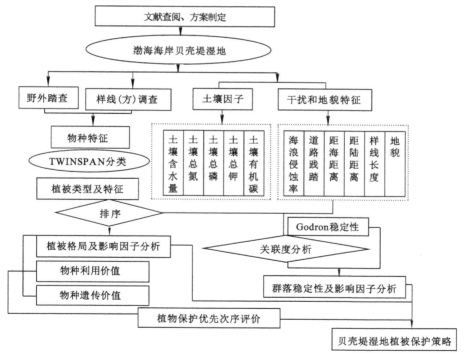

图 2.4 本书技术路线

（二）研究内容

（1）渤海海岸贝壳堤湿地物种组成。

研究渤海海岸贝壳堤湿地高等植物的种类组成,分析植物的生活型谱和地理区系特征,探讨贝壳堤湿地植物与周边海岸湿地生态系统植物组成的相似性,阐明渤海海岸贝壳堤湿地植物的物种库特征。

（2）渤海海岸贝壳堤湿地植物群落类型分析。

根据我国植物群落的命名办法和 TWINSPAN 分类的技术手段,明确贝壳堤湿地存在的植物群落类型,分析不同植物群落的特征和分布频率,阐明贝壳堤湿地的优势植物群落类型。

（3）渤海海岸贝壳堤湿地的植被格局及其影响因素探讨。

研究渤海海岸贝壳堤湿地植被的空间分布格局,探讨影响物种分布、群落空间格局的主要因素,明确关乎物种生长和群落分布的关键因子。

（4）渤海海岸贝壳堤湿地群落稳定性及驱动因子分析。

研究渤海海岸样方、群落和样带尺度上的植物群落稳定性特征,分析不同尺度下群落稳定性变化的驱动因子。

（5）渤海海岸贝壳堤湿地植物保护优先次序评价及植被恢复对策。

分析贝壳堤湿地植物的濒危级别、利用价值系数和遗传系数,评价贝壳堤湿地不同植物的保护优先次序。根据影响植被分布和群落稳定的关键因素以及植物的保护优先次序,提出相应的植被恢复策略。

（三）创新之处

（1）探讨渤海海岸贝壳堤沙滩湿地影响植物及群落分布的因素,明确影响群落稳定性的关键因子。

（2）对渤海海岸贝壳堤湿地植物的保护优先次序进行评价。

第三章　渤海海岸贝壳堤湿地
高等植物组成分析

物种组成是生物多样性的基础和植物群落的基本属性[94]。植物区系是某一地区或者某一时期、某一类群植被的所有植物的总称,其科、属、种的组成、生活型构成和地理分布成分构成能直观地反映物种形成过程中的空间反应[95],因此,植物区系构成中蕴涵了大量历史、地理、生态和系统进化的信息,对某一地区植物区系的调查研究不仅可以阐明植物物种库状况,还能分析植物类群的起源、迁移和分布,是研究不同时空尺度上植物多样性的基础[96],特别是在人类干扰导致生态系统破坏的前提下,植物区系的研究还能对植物资源的保护及保护区的管理提供强有力的借鉴[97-99]。

作者依据 2013 年和 2014 年的野外调查数据,统计了渤海海岸贝壳堤湿地的主要高等植物的组成,分析了物种的生活型特征、区系多样性,并与邻近滨海湿地进行了比较。主要研究目的如下:① 明确渤海海岸贝壳堤湿地野生高等植物物种库的组成现状;② 了解贝壳堤湿地植物资源与周围湿地植物的相似性。

一、研究方法和数据处理方法

(一)植物组成分析方法

利用野外踏查和样方调查相结合的方法,统计黄河三角洲贝壳堤岛与湿地国家级自然保护区高坨子—棘家堡子—汪子岛—赵沙子一带出现的植物物种。具体方法如下:在生长季内,每月垂直海岸线每隔 5 m 布设平行海岸线方向的样带,进行踏查,记录沿途出现的物种,并进行归类汇总。

此外,分别于 2013 年和 2014 年的生长盛季(7—9 月),采用样带和样方结合的方法,沿垂直海岸线的方向设置样带,样带宽 5 m,并每隔 5 m 布设 5 m×5 m 样方,统计出现的灌木树种,在样方对角线的位置设置 5 个 1 m×

1 m 样方,统计样方中出现的草本植物种类,进行拍照和标本制定。

植物鉴定参照《中国植物志》《山东植物志》等工具书,以科、属、种为分类单位对整个贝壳堤湿地的植物进行统计分析。植物科属大小划分依据苏亚拉图[100]对阿鲁科尔沁国家级自然保护区的植物区系划分办法。参照吴征镒的文献对植物地理区系进行归类和分析[101]。根据王娟等[102]的方法对科属成分下的世界分布成分(T1),热带成分(简写成 T_{trop},包含泛热带分布,T2;热带亚洲和热带美洲间断分布,T3;旧世界热带分布,T4;热带亚洲至热带大亚洲分布,T5;热带亚洲和热带非洲分布,T6;热带亚洲分布,T7),温带成分(简写成 T_{temp},包括北温带分布,T8;东亚和北美洲间断分布,T9;旧世界温带分布,T10;温带亚洲分布,T11;地中海区、西亚至中亚分布,T12;中亚分布,T13;东亚分布,T14)进行汇总。

物种出现频率根据样方中调查数据,用物种出现的样方总数除以总样方数的百分比表示(灌木植物和草本植物分别按照其样方数进行计算)。

(二)与周围滨海湿地的相似性分析

参照刘利[103]计算属区系多样性指数,并利用相关性分析、主坐标分析和聚类分析等方法研究渤海海岸贝壳堤湿地(BHC)与相邻湿地包括天津滨海湿地(TJ)[104]、秦皇岛滨海湿地(QHD)[105]、莱州湾湿地(LZW)[106]、胶州湾滨海湿地(JZW)[107]、黄河三角洲滨海湿地(HHS)[108]植物属分布区的相似系数。

(三)分析软件

分别以 95% 和 99% 的概率作为显著性检验指标,数据统计和分析在 Excel 2007 软件中运行,利用 SPSS 19.0 进行相关性分析,Cannoco 4.5 软件进行主坐标分析和聚类分析,Photoshop 7.0 软件进行图片的像素调整和绘制。

二、结果与分析

(一)贝壳堤湿地植物组成

1. 贝壳堤湿地高等植物的基本组成

2013 年和 2014 年的野外踏查和样方调查中,渤海海岸贝壳堤湿地共出现种子植物 56 种,分别隶属于 20 科 52 属。其中裸子植物有 1 科 1 属 1 种,被子植物有 19 科 51 属 55 种(表 3.1)。而被子植物中,双子叶植物和单子叶植物各有 36 种和 19 种,分别占总物种数的 64.28% 和 33.93%。

表 3.1　渤海海岸贝壳堤湿地高等植物统计表

	项目	科数	占总科数百分比 /%	属数	占总属数百分比 /%	种数	占总种数百分比 /%
	裸子植物	1	5	1	1.92	1	1.79
被子植物	单(双)子叶植物总和	19	95	51	98.08	55	98.21
	双子叶植物	16	80	34	65.39	36	64.28
	单子叶植物	3	15	17	32.69	19	33.93

注:对部分四舍五入的数据进行了微调。

2. 贝壳堤湿地植物科属分析

禾本科、菊科、豆科和藜科是渤海海岸贝壳堤湿地的大科,共计有物种 36 种,隶属 34 属,这四科植物占总物种数和属数的 64.28% 和 65.39%(图 3.1)。

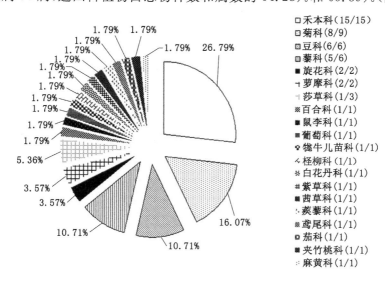

图 3.1　渤海海岸贝壳堤湿地高等植物各科属种数统计(括号内代表属数/种数)

单种科是贝壳堤湿地的主要植物组成(13 科),科数占总科数的 65%,其包含的物种是总物种的 23.21%。含 2~5 种植物的科共有 3 个,分别为旋花科（2/2）、萝摩科（2/2）、莎草科（1/3），包含的物种占总物种数的12.50%。含6～9种植物的科有藜科（5/6）和豆科（6/6）两个科，物种占总物种数的21.43%。大科（物种≥15种）仅有禾本科1科，其包含的物种占总物种数的26.79%（图3.1和图3.2）。

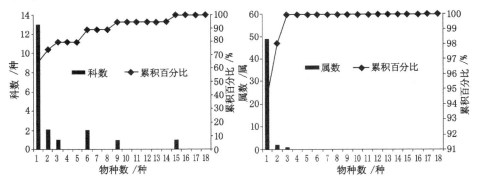

图3.2 每科每属物种数量

相应对属的统计发现，贝壳堤湿地物种数≤4种的小属及以下是该地区的主要特征，其中，单种属有49属，占总属数的94.23%，占总物种数的87.50%。莎草属是调查中发现含有较多物种的属，共有3种植物（图3.1和图3.2），而蒿属和碱蓬属分别有2种植物，由此，包含2～3种植物的属共有3属7种植物，占总属数和总种数的5.77%和12.50%。据此可以推断，该地区的植物在属级上分化明显，优势种群不突出。

3. 渤海海岸贝壳堤湿地植物的生活型分析

该地区的植物生活型主要为多年生草本植物，其次为一年生或两年生草本植物，乔灌木占的比例最小，既表征了温带海岸的气候特征也表明了海岸的恶劣生境条件（图3.3）。

4. 贝壳堤湿地植物地理区系特征

Tr、Sh、Ph、Ah、Bh分别代表乔木、灌木、多年生草本植物、一年生草本植物、两年生草本植物，通过对渤海海岸贝壳堤湿地中植物所属地理区系成分进行统计发现，渤海海岸贝壳堤湿地的植物科以世界分布成分（T1）为主，泛热带分布成分（T2）次之。除世界分布外，北温带分布的属占有相对较大的比重。热带区系成分和温带区系成分各包含12属和26属，温带成分超

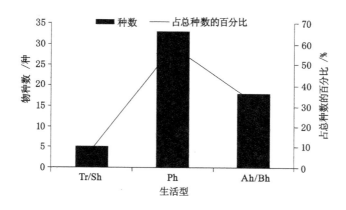

图 3.3　渤海海岸贝壳堤湿地高等植物生活型谱

过热带成分的两倍,与该地区属于暖温带的气候条件相一致(图 3.4)。

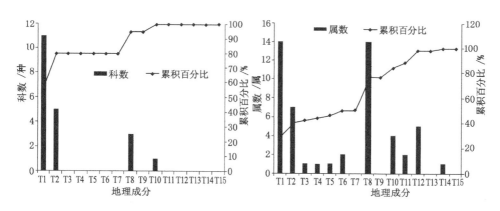

图 3.4　渤海海岸贝壳堤地理种子植物地理成分

（二）贝壳堤湿地植物在样方中的出现频率

统计每个科在调查样方中出现的频率发现,排名前 4 位的植物科分别为禾本科、菊科、萝藦科、紫草科,在调查样方中出现的频率分别为 77.67％、74.76％、52.43％、28.16％(表 3.3)。乔木/灌木、多年生草本植物、一年生草本植物/两年生草本植物出现的频率分别为 24.27％、98.00％ 和 35.92％(图 3.5)。

表 3.3　渤海海岸贝壳堤不同科的植物出现频率

科	拉丁名	样方出现频率
禾本科	*Gramineae*	77.67%
菊科	*Compositae*	74.76%
萝摩科	*Asclepiadaceae*	52.43%
紫草科	*Boraginaceae*	28.16%
鼠李科	*Rhamnaceae*	17.48%
藜科	*Chenopodiaceae*	16.50%
葡萄科	*Vitaceae*	16.50%
豆科	*Leguminosae*	11.65%
百合科	*Liliaceae*	10.68%
白花丹科	*Plumbaginaceae*	5.83%
茜草科	*Rubiaceae*	4.85%
莎草科	*Cyperaceae*	2.91%
柽柳科	*Tamaricaceae*	2.91%
旋花科	*Convolvulaceae*	1.94%
蒺藜科	*Zygophyllaceae*	1.94%
鸢尾科	*Iridaceae*	1.94%
麻黄科	*Ephedraceae*	0.97%
牻牛儿苗科	*Geraniaceae*	0.97%
茄科	*Solanaceae*	0.97%
夹竹桃科	*Apocynaceae*	0.97%

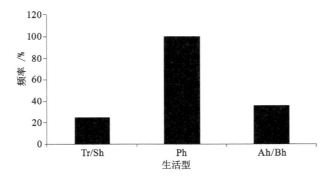

图 3.5　渤海海岸贝壳堤湿地不同生活型植物出现频率

三、渤海海岸贝壳堤湿地植物组成与邻近滨海湿地的关系

1. 不同滨海湿地植物区系的相似关系

属的区系多样性指数反映了各植物区系属的多寡,也表示组成植物类群的多样性及属间的均匀程度[103]。通过与天津滨海湿地、秦皇岛滨海湿地、莱州湾湿地、黄河三角洲滨海湿地、胶州湾滨海湿地进行对比可以发现,分布在黄渤海周边的滨海湿地植物区系香农(Shannon-Weiner)多样性指数具有显著差异,渤海海岸贝壳堤湿地的香农多样性指数为1.954,介于最高的秦皇岛滨海湿地(2.317)和莱州湾湿地(1.842)之间。对于各湿地的区系属的辛普森(Simpson)指数而言,各地差异不显著(0.143~0.211,图3.6)。

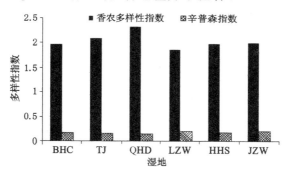

图 3.6　黄渤海 6 个代表性滨海湿地植物区系属地理成分的多样性指数

2. 不同滨海湿地植物区系属聚类分析和主坐标分析

尽管 6 处滨海湿地均处在暖温带至温带的地区,但这些湿地之间仍存在细微差异,根据欧氏距离矩阵(表 3.4)和组间均联法的聚类分析树状图(图 3.7),黄渤海滨海湿地共聚为 3 大组,其中,天津滨海湿地、莱州湾湿地、渤海海岸贝壳堤湿地聚为一组,秦皇岛滨海湿地与黄河三角洲滨海湿地聚为一组,胶州湾滨海湿地自为一组。

表 3.4　黄渤海 6 个典型滨海湿地植物区系属地理成分的欧氏距离矩阵

湿地	BHC	TJ	QHD	LZW	HHS
TJ	0.161				
QHD	0.405	0.342			

表 3.4(续)

湿地	BHC	TJ	QHD	LZW	HHS
LZW	0.133	0.107	0.390		
HHS	0.397	0.322	0.126	0.362	
JZW	0.2197	0.204	0.409	0.188	0.368

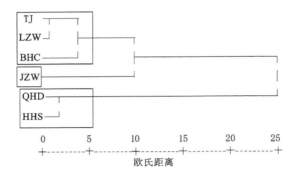

图 3.7　黄渤海 6 个代表性滨海湿地植物区系属地理成分的聚类树状图

　　为验证聚类分析的准确性,本书又基于不同滨海湿地植物区系谱的欧氏距离矩阵进行主坐标分析,特征根表明前两坐标轴可以很好地解释变量,第 1 主坐标轴和第 2 主坐标轴的方差贡献率分别为 83.5% 和 8.30%,累计方差贡献率为 91.8%(表 3.5)。因此,通过前两主坐标轴进行主成分分析和排序,并生成二维排序图(图 3.8),发现与聚类结果类似,天津滨海湿地、莱州湾滨海湿地和渤海海岸贝壳堤湿地聚为一组,黄河三角洲滨海湿地与秦皇岛滨海湿地聚为一组。

表 3.5　区系谱前两个主坐标的方差统计率和累计方差贡献率

主坐标	特征根	方差贡献率/%	累计特征根	累计方差贡献率/%
1	0.84	83.5	0.84	83.5
2	0.08	8.30	0.92	91.8

　　3. 渤海海岸贝壳堤湿地与其他滨海湿地植物区系的相关性

　　植物区系的相关性矩阵可以表明植物区系间的地理成分类似性的相关程度。由表 3.6 可以看出,6 个黄渤海滨海湿地的植物区系属的相关系数为

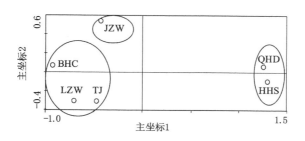

图 3.8　黄渤海 6 个代表性滨海湿地植物区系属地理成分的主坐标排序

0.160～0.968,基本反映了不同滨海湿地植物区系属地理成分的相似性关系。渤海海岸贝壳堤湿地与莱州湾湿地的相关性最大,为 0.936,其次为天津滨海湿地和胶州湾滨海湿地,相关系数分别为 0.882 和 0.827,与三者的相关性均达到了极显著水平($P<0.01$)。与黄河三角洲滨海湿地以及秦皇岛滨海湿地的植物区系的相关性不显著。

表 3.6　黄渤海 6 个典型滨海湿地植物区系属地理成分的相关性矩阵

	BHC	TJ	QHD	LZW	HHS
TJ	0.882**				
QHD	0.160	0.341			
LZW	0.936**	0.968**	0.323		
HHS	0.337	0.534*	0.943**	0.504	
JZW	0.827**	0.852**	0.286	0.880**	0.517*

注:** 和 * 分别表示在 0.01 和 0.05 水平的显著性。

四、讨论

滨海沙滩湿地具有狭窄且隔离的片断化生境特点,不仅限制了植物种群的规模,而且使植物在基因交流和生存繁衍方面受到天然约束[109-110]。很多研究表明,滨海沙滩(丘)湿地的原生植物相对匮乏[15,58]。根据 2013 年和 2014 年的野外踏查并结合样方调查发现,渤海海岸贝壳堤湿地共发现高等植物 56 种。而参见目前我国可考的文献[111]:1997—1999 年的调查中,贝壳堤岛共计有高等植物 350 种,是一个孕育丰富物种多样性的地区。尽管本实验仅对高坨子—棘家堡子—汪子岛—赵沙子一带出露面积较大的堤岛进行研究,代表了部分的物种资源,但是,前期野外调查中发现,由于人类活动干扰和海岸侵蚀,贝壳堤岛湿地的面积萎缩严重,很多小岛已经消失,大的堤岛面积剧减,20世纪70年代至2008年,92.4%的贝壳堤岛消失[72]。因此,出露面积较大且保存相对完好的高坨子—棘家堡子—汪子岛—赵沙子一带片面地表征了整个贝壳堤湿地的植物资源现状,其物种数是20世纪90年代末的16.0%,大概有近84.0%的物种可能已经消失。由此看来,该地区的植物的保护和恢复工作迫在眉睫。

在长期的环境适应与演化下,海岸沙滩(丘)物种具备了生存繁衍以及种群更新和维持的能力[78,112],因此可以作为潜在物种库在今后的植被保护和恢复工作中加以借鉴[67]。生活型是植物对外界环境适应的外在表现,尤其与当地的气候息息相关[113]。很多研究表明,为适应恶劣的生境环境条件,多年生植物具有在返青时迅速生长,并能利用无性繁殖进行种群更新的能力,从而保证了种群繁衍和种群维持[114]。本研究也发现,贝壳堤湿地中的植物也以多年生草本植物为主,多数具有根茎萌蘖的能力,因此保证了在人类或自然干扰后植物的繁殖与更新,是该地区的优势植物类群。

植物区系在科、属水平上的多样性能够反映某地区植物种类的变异程度、进化水平的多样性及其适应不同生境的生活型多样性[100]。本研究发现,渤海海岸贝壳堤湿地中属区系多样性较高,说明属之间的均匀性程度较高,表明了该地区的优势植物不突出的特征。同时,对于滨海湿地而言,地貌起伏造成了很多微生境的差异,植物的组成往往具有隐域性特征[115-116]。本研究证实了该地区的植被非地带性特征,植物科以世界分布科为主。而在属级水平上,物种分化明显,温带成分物种数最多,超过热带成分物种数的两倍,与该地区属于暖温带的气候条件相一致。

此外,植物区系还反映了植物的演化和迁移历史[117],根据张伟和赵善伦[118]对山东省植物区系的研究,渤海海岸西南岸贝壳堤湿地的植被属于泛北极植物区,华北平原植物亚地区,鲁北平原(黄河三角洲)植物小区,与莱州湾湿地和黄河三角洲湿地同处于一个植物亚区,但属区系特征的聚类分析、主坐标分析和相关系数均表明,渤海海岸贝壳堤湿地的植物组成与莱州湾和天津滨海湿地最为相似,而与胶州湾湿地、黄河三角洲滨海湿地、秦皇岛滨海湿地相似性低,这可能与各滨海湿地的海陆位置、基质条件、海洋环境、人类干扰活动等有关,同时也表明洋流运动可能是渤海湾植物传播的一种途径,这有待于进一步深入研究。

五、小结

调查分析了渤海海岸贝壳堤湿地种子植物物种组成现状,并与黄渤海周边的滨海湿地种子植物属的地理区系进行了比较,主要结论如下:

(1)渤海海岸贝壳堤湿地共出现高等植物 56 种,分别隶属于 20 科 52 属。被子植物居多,其中,双子叶植物占总物种数的 64.28%。禾本科、菊科、豆科和藜科是渤海海岸贝壳堤湿地的大科,单种科和不大于 4 种的小属是该地区的主要特征。主要生活型为多年生草本植物。

(2)渤海海岸贝壳堤湿地的植物科以世界分布科为主,表明了科级水平的隐域性特征。对于属而言,温带成分物种数超过热带成分物种数的两倍,与该地区属于暖温带的气候条件相一致。

(3)禾本科、菊科、萝摩科、紫草科在调查中出现的频率较高。多年生草本的出现频率较高,是渤海海岸贝壳堤主要的生活型类型。

(4)植物属的地理区系多样性表明,渤海海岸贝壳堤湿地的香农多样性指数介于秦皇岛滨海湿地和莱州湾海岸湿地之间,辛普森指数与其他地区差异不大。聚类分析和主坐标分析发现,渤海海岸贝壳堤湿地与天津滨海湿地、莱州湾湿地类似。

第四章　渤海海岸贝壳堤湿地植物群落类型及特征

植物群落是生态系统功能的重要组成部分,植物群落的类型及其分异,体现了群落中植物之间、植物与环境之间的相互关系。开展植被研究工作,确定植物群落类型[69],分析植被随样地梯度或演替动态的变化[74,87],是保护植被、充分发挥其强大生态系统服务功能的基础,能为实现生态系统可持续发展和管理提供理论指导,并为制定保护措施提供科学依据。为明确贝壳堤湿地的植被群落类型及其特征,本研究利用数量分析的手段,采用TWINSPAN分类方法,研究了该地区的植物群落类型以及特征,研究目的主要包括以下三个方面:① 明确渤海海岸贝壳堤湿地的植物群落类型。② 探讨主要植被群落的特征。③了解不同群落间的相似性关系。

一、研究方法

(一)植被调查方法

分别于2013年和2014年的7月中旬至8月初,在贝壳堤地区进行植物群落的调查,根据文献资料[119],采用样带和样方相结合的方法,沿垂直海岸线方向每隔300~500 m布设一条宽5 m垂直海岸线的样带。为减少实验误差,样带的长度视贝壳堤海岸由海到陆侧的宽度而定,在每条样带上,从高潮线开始每隔5~6 m设置5 m×5 m的灌木样方,利用GPS,记录群落调查中的样方中心的地理位置,距高潮线距离,统计样方内灌木物种名称、数量、高度、盖度。为明确草本植物状况,在样方内对角线处分别设置1 m×1 m的小样方,进行草本植物调查(统计方法同灌木植物群落),每个灌木样方内共计有5个草本样方。利用群落学的调查方法调查样方内物种的特征。其中,物种数目采用样方内计数的方法,植被盖度采用目视估测法进行统计,以百分比表示,高度利用皮尺测量的方法。两次野外调查共调查样带9条,共计草本植物群落样方 425 个,灌木群落样方 85 个,样方调查方法参照图 4.1。

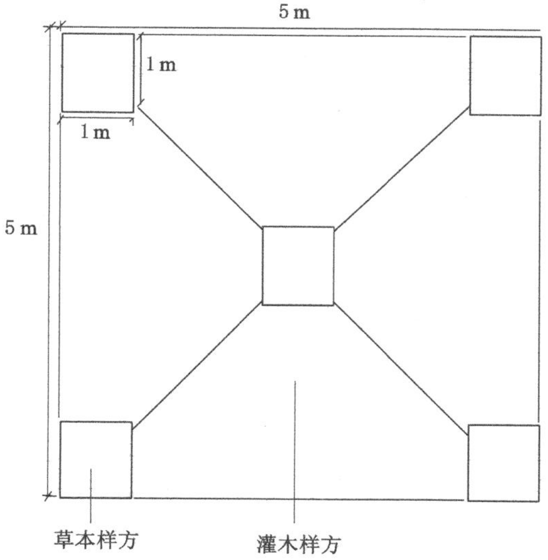

图 4.1　样方调查方法

（二）数据分析

1. 植物群落划分

海岸地区的植物属于非地带性植被,同时海岸生境恶劣,植物的组合规律往往发生较大的变化,这对于植物群落的分类就十分困难。本章作者依据贝壳堤湿地的植被特征,在适当考虑生境特点的前提下,以植物群落本身的特征尤其是群落的优势种或建群种为分类依据。

为确定黄河三角洲贝壳堤湿地的植被类型,对得到的植物样方,分别按照灌木层和草本层进行 TWINSPAN 分类[120]。分类统计指标利用样方中每个物种的重要值,计算公式如下:

$$重要值＝（相对密度＋相对高度＋相对盖度）/3$$

（1）灌丛群落的分类

贝壳堤踏查共计发现 5 种灌木植物,分别为酸枣、柽柳、杠柳、草麻黄、白刺。但在样方调查时仅有 4 种,草麻黄未出现,因此为防止干扰,除去重要值小于 0.05 的物种,以及不存在灌木的样方,共计得到 25 个灌木样方和 4 个灌木树种,形成 25×4 矩阵,进行双向指示种分析（two way indicator species analysis,简称 TWINSPAN)。

依据灌木层的分类,确定第一层片优势灌木植物。随后,根据灌木层分类的结果,分别对灌层下的草本植物样方进行 TWINSPAN 分类,数据处理、重要值统计同灌层植物,从而确定优势草本植物,并与灌层优势植物联合确定群丛类型。

(2)草本植物群落的分类

将除灌木样方及其林下草本植物样方外的草本植物样方界定为草本植物群落,通过对比发现,出现 10 个裸地样方和重要值小于 0.05 的物种,最终得到 112 个草本植物群落样方,26 种草本植物,形成 112×26 的样方矩阵,然后进行 TWINSPAN 分类。首先确定优势种,定义为群系,然后再根据次优势种确定群丛。

(3)分类方法

TWINSPAN 分类是植被数量分析中常用的分类方法。利用 TWINSPAN 分类可以将不同群落和样方划分开来,从而达到群落分类的目的[121]。

(4)群落命名方法

根据我国学者的观点:群丛是指层片结构相同,各层优势种或共优种相同的植物群落联合,对于群丛的命名采用各层优势种的学名进行联合。群系命名参照定义:建群种或共建种相同的植物群落联合,主要关注优势种。植被型则是关注群落的外貌,是建群种生活型相同或相似,同时对水热条件的生态关系一致的植物群落联合,例如落叶阔叶林,常绿阔叶林。由于贝壳堤湿地的植被主要为灌丛植被和草甸植被类型,将该两类定义为植被型组。然后进行各类的层片优势种植被进行分类和命名。

应用软件为 PC-ORD 5.0 和 Photoshop 7.0。

(5)植物群落特征

① 物种多样性

物种丰度用样方中出现的物种数目表示,根据样方中物种的重要值计算群落的物种的香农多样性指数,并依据 Pielou 均匀度公式计算均匀度指数,计算公式如下:

$$H = -\sum_{i=1}^{s} P_i \ln P_i \qquad (4.1)$$

$$E = H/\ln S \tag{4.2}$$

式中,H 为香农多样性指数,S 为样方中出现的物种总数,P_i 指的是 i 物种的重要值占样方内所有物种重要值总和(也即 1)的比例,E 为 Pielou 均匀度指数。H 越大,说明物种多样性丰富,而 E 越大也代表群落的物种分布的均匀性大[122]。

② 群落相似性

采用杰卡德(Jaccard)相似性系数,对以上植物群落进行群落相似性分析,计算公式为:

$$q = \frac{c}{a+b+c} \tag{4.3}$$

式中,q 表示植物群落相似性系数,c 表示两个植物群落中共同物种数,a 和 b 分别表示群落 A 和 B 的物种总数。根据 Jaccard 相似性原理,当 q 为 0~0.25 时为极不相似,当 q 为 0.25~0.50 时为中等不相似,当 q 为 0.50~0.75 时为中等相似,当 q 为 0.75~1.00 时为极相似[123]。

二、结果与分析

(一)渤海海岸贝壳堤植物群落类型

1. 灌木群落类型

在对灌木层利用 TWINSPAN 进行分析时,将样方中的重要值分为 5 个等级(0.2,0.3,0.5,0.7,1),划分每一组样地个数的最小值设为 2,最大划分水平设为 6,每次划分的最多区别数为 4。结合外貌和生境特征,25 块样方可以划分为 3 大类灌丛类型(图 4.2),其中:

第 Ⅰ 类,包括样地 12、17、22、24,这一类群落的灌木层物种组成类似,主要灌木为白刺。

第 Ⅱ 类,包括样地 2、3、4、5、6、8、10、11、13、16、18、19、20、21、23、25,这一大类群落酸枣占绝对优势,偶见白刺(13)、杠柳(8、16)、柽柳(4)等灌木,因此可被称为酸枣群丛。

第 Ⅲ 类,柽柳是主要的优势灌木层植物,有 1、7、9、14、15 号样地,可定义为柽柳群丛。

为明确不同灌木群落的特征,我们分别对以上三个灌层下的草本植物

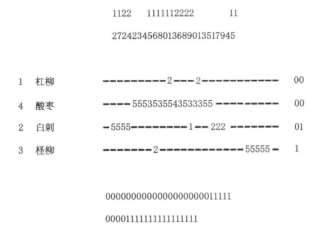

图 4.2　灌木层 TWINSPAN 分类结果

样方进行分类。为防止干扰,我们去掉灌下草本植物重要值小于 0.1 的物种,然后根据每种灌层下的草本植物重要值特征进行假种的设定。

白刺灌下草本植物中,设定假种的等级分别为 0.1～0.2、0.2～0.3、0.3～0.4、0.4～0.5、0.5～0.7、0.7～1,白刺灌丛下出现的常见草本植物有 8 种,可以聚类成 1 类植物类型:蒙古蒿群落,但有时芦苇的重要性仅次于蒙古蒿,在群落中占据重要的地位(图 4.3,11、12、17、20)。因此,可以定义为白刺—蒙古蒿群丛和白刺—蒙古蒿＋芦苇群丛。

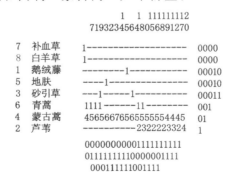

图 4.3　黄河三角洲贝壳堤湿地白刺灌下草本植物 TWINSPAN 分类结果

根据重要值的分布范围，柽柳灌下出现裸地样方 5 个，定义为柽柳群丛，然后对剩余的草本植物群落进行假种的设定，设定假种的等级分别为 0.1～0.2、0.2～0.3、0.3～0.4、0.4～0.5、0.5～0.7、0.7～1，从图 4.4 中可以看出，柽柳灌丛下出现的常见草本植物有 12 种，共聚类成 6 类群落类型，分别是：① 虎尾草群落（14）；② 大穗结缕草群落（7、10、18、1、2、3、8、13、17、21）；③ 芦苇群落（4、12、16、19）；④ 狗尾草群落（15、20）；⑤ 砂引草群落（6、5、9、11、24）；⑥ 鹅绒藤群落（22、23）。

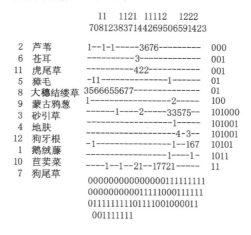

图 4.4　黄河三角洲贝壳堤湿地柽柳灌下草本植物 TWINSPAN 分类结果

根据重要值的分布范围，酸枣灌下草本植物群落，设定假种的等级分别为 0.1～0.2、0.2～0.3、0.3～0.4、0.4～0.5、0.5～0.6、0.6～0.7、0.7～1，结果表明，林下草本植物丰富，常见的草本植物有 18 种，分类表明，蒙古蒿在酸枣灌下占据绝对优势，为优势种群的群落（图 4.5），但也有 3 个小样地中出现以芦苇为稍微优势的群落（5、11、16）。因此，可以细分为 2 类草本植物群落：① 蒙古蒿群落；② 芦苇＋蒙古蒿群落。

由此，依据以上灌木层和林下草本植物群落的 TWINSPAN 分类分析，根据植被型、群系、群丛的定义，可以将黄河三角洲贝壳堤湿地灌木群落归为 11 个群丛（表 4.1）。总结如下：灌丛下面有 3 个群系，分别为白刺灌丛、酸枣灌丛和柽柳灌丛。而白刺灌丛下可以细分为以下群丛：白刺—蒙古蒿群丛；白刺—蒙古蒿＋芦苇群丛。酸枣灌丛又可以细分为以下群丛：酸枣—蒙古蒿群丛、酸枣—芦苇＋蒙古蒿群丛。柽柳灌丛可以细分为以下群丛：柽

```
7772277      1111222223333444567    2234444445571455677356111233566673663855566  11
38723161247893489567891235028239361401456790120367904955257047914856268034870516
15 打碗花   -------1-----------------------------------------------------------  00000
16 升马唐   -------2-----------------------------------------------------------  00000
11 大穗结缕草-------1-----------------------------------------------------------  00001
13 野青茅   ----------------------------------------1--1-----------------------  00001
14 蒙古鸦葱 ------------------------------------1-----------------------------  00001
17 白茅     -----------------------------------------1--1----------------------  00001
18 拂子茅   ------------------1-----------------------------------------------  00001
6 草木犀    -----------------------------------------------2------------------  00010
7 地肤      -----------------------------------------------2------------------  00010
1 鹅绒藤    -----------11----------------------1---2--1-----------------------  00011
9 茜草      -------------------1------------------1----------------------------  00011
5 乌蔹莓    --3221-----------------------------------------------------------  0010
8 青蒿      --2--1-------111111-1--1------------------------------------1---    00110
10 沙打旺   1---1-1-11--1-1-1-----------------11--1-1---------------------11---  00110
4 蒙古蒿    23------------------------------------------1------------------    00111
2 芦苇      4546663765666667655666545556675677777788877777666667644455555555555555555444444344  01
          ------------1-----------------------------------21112211212222222221213433233333555  1
12 紫苑     ---------------------------------------------------1-------------------------------  1
00000000000000000000000000000000000000000000000000111111111111111111111111111
00000011111111111111111111111111111111111111111111111000000000000000000011111111
00111100000000000000000000000000001111111111111111111100000000000000001111000011
  01110111111111111111111111111111110000000000000011111110001111111111110001100001  00
```

图 4.5 黄河三角洲贝壳堤湿地酸枣灌下草本植物 TWINSPAN 分类结果

表 4.1 渤海海岸贝壳堤湿地灌丛植被类型

植被型	群系	群丛	常见共生植物
灌丛	白刺灌丛	1. 白刺—蒙古蒿群丛	青蒿、砂引草、地肤、鹅绒藤、白羊草、二色补血草
		2. 白刺—蒙古蒿＋芦苇群丛	青蒿
	酸枣灌丛	1. 酸枣—蒙古蒿群丛	青蒿、芦苇、紫苑、沙打旺、青蒿、砂引草、乌蔹莓、茜草、鹅绒藤、地肤、黄花草木樨、假苇拂子茅、白茅、滨旋花、升马唐、大穗结缕草、野青茅、蒙古鸦葱
		2. 酸枣—芦苇＋蒙古蒿群丛	沙打旺、青蒿、砂引草、阿尔泰紫苑
	柽柳灌丛	1. 柽柳灌丛	狗尾草、鹅绒藤、虎尾草、翅碱蓬
		2. 柽柳—大穗结缕草群丛	芦苇、獐毛、蒙古鸦葱、砂引草、鹅绒藤、狗尾草
		3. 柽柳—砂引草群丛	蒙古鸦葱、地肤、狗牙根、鹅绒藤
		4. 柽柳—虎尾草群丛	苍耳、砂引草
		5. 柽柳—狗尾草群丛	苣荬菜、獐毛
		6. 柽柳—芦苇群丛	狗尾草
		7. 柽柳—鹅绒藤群丛	苣荬菜

柳群丛；柽柳—大穗结缕草群丛；柽柳—砂引草群丛；柽柳—虎尾草群丛；柽柳—狗尾草群丛；柽柳—芦苇群丛；柽柳—鹅绒藤群丛。

2. 草甸植物群落类型

对剩余的草本植物群落样方进行 TWINSPAN 分类,由于均为草本植物,所以在此只是去掉重要值小于 0.05 的物种,根据重要值的分布范围,确定假种等级为 0.05～0.1、0.1～0.25、0.25～0.3、0.35～0.4、0.4～0.5、0.5～0.7、0.7～1,其分类图见图 4.6。可以看出,草甸植物分为以下 15 个植物群系和多个群丛:

(1) 兴安天门冬群系。只包含样方 8。

(2) 白羊草群系。只包含样方 18。

(3) 野青茅群系。包含 4 个样方,分别为 15、16、21、71。

(4) 蒙古蒿+乌蔹莓群系。包括样方 3、4、5、32、33、53、95。

(5) 蒙古蒿群系。包含样方 40 个,在图上表示为 6、17、30、34、39、40、41、47、48、49、50、51、52、54、55、67、72、73、74、75、76、77、78、79、80、81、82、84、85、86、93、94、96、97、98、99、100、102、105、107。可以划分为蒙古蒿—野青茅群丛(17、72、73、74、75、76、77、78);蒙古蒿—青蒿群丛(39、41);蒙古蒿—芦苇群丛(34、94);蒙古蒿群丛(6、30、40、47、48、49、50、51、52、54、55、67、79、80、81、82、84、85、86、93、96、97、98、99、100、102、105、107)。

(6) 芦苇群系。样方有 35、43、44、61、62、87、88、89、90、91、108。可以划分为:芦苇群丛(35、61、62、87、88、89、90、91、108);芦苇—蒙古蒿群丛(43、44)。

(7) 阿尔泰紫菀群系。样方为 19。

(8) 鹅绒藤群系。该群系包含样方 110、111、20、109、7、22。可以划分为鹅绒藤群丛(110、111、20、109);鹅绒藤—翅碱蓬群丛(7);鹅绒藤—虎尾草群丛(22)。

(9) 虎尾草群系。包含样方 24、27。

(10) 砂引草群系。包含样方 37、68、92、1、13、14、46、57、64、65、66、69。可以划分为:砂引草群丛(37、1、13、14、46、57、65、66、69);砂引草—芦苇群丛(68、92);砂引草—鹅绒藤群丛(64)。

(11) 菟丝子+茜草群落。包括样方 2。

图4.6 黄河三角洲贝壳堤湿地草本植物群落TWINSPAN分类结果

（12）二色补血草群系。包括样方 9、101、25、28。

（13）大穗结缕草群系。包含样方 26、29、56、70、104、106、112、23、83、103。可以划分为：大穗结缕草群丛（104、106、112）；大穗结缕草—鹅绒藤群丛（23、83、103）；大穗结缕草—青蒿群丛（26）；大穗结缕草—砂引草群丛（29、56、70）。

（14）黄花草木樨群系。有样方 12、38。分别可以细化为黄花草木樨群丛（12）和黄花草木樨—香附群丛（38）。

（15）杂草群系。有样方 31、42、63、59、60、45、58、10、36、60，优势种不突出，共优种多。

表 4.2　贝壳堤湿地草本植物群落类型

植被型	群系	群丛	常见共生植物
草甸	（一）兴安天门冬群系	1. 兴安天门冬群丛	荻、曼陀罗
	（二）白羊草群系	1. 白羊草群丛	兴安天门冬、野青茅、青蒿、鹅绒藤
	（三）野青茅群系	1. 野青茅群丛	兴安天门冬、蒙古蒿、鹅观草、茜草、鹅绒藤
	（四）蒙古蒿＋乌蔹莓群系	1. 蒙古蒿＋乌蔹莓群丛	茜草、白羊草、假苇拂子茅、双稃草
	（五）蒙古蒿群系	1. 蒙古蒿—野青茅群丛	沙打旺、升马唐、芦苇、假苇拂子茅、鹅观草
		2. 蒙古蒿—青蒿群丛	芦苇、大画眉草
		3. 蒙古蒿—芦苇群丛	鹅绒藤、大画眉草、鹅观草、青蒿
		4. 蒙古蒿群丛	大画眉草、茜草、芦苇、鹅绒藤、猪毛菜
	（六）芦苇群系	1. 芦苇群丛	假苇拂子茅、牻牛儿苗
		2. 芦苇—蒙古蒿群丛	阿尔泰紫菀、假苇拂子茅
	（七）阿尔泰紫菀群系	1. 阿尔泰紫菀群丛	蒙古蒿、白羊草、鹅绒藤

表 4.2(续)

植被型	群系	群丛	常见共生植物
草甸	(八)鹅绒藤群系	1. 鹅绒藤群丛	狗尾草、狗牙根
		2. 鹅绒藤—翅碱蓬群丛	白茅、升马唐
		3. 鹅绒藤—虎尾草群丛	阿尔泰紫菀、升马唐、阿尔泰紫菀、地肤、鹅观草、米口袋
	(九)虎尾草群系	1. 虎尾草群丛	
	(十)砂引草群系	1. 砂引草群丛	
		2. 砂引草—芦苇群丛	鹅绒藤、虎尾草
		3. 砂引草—鹅绒藤群丛	
	(十一)菟丝子—茜草群系	1. 菟丝子—茜草群丛	小蓟、蒲公英、猪毛菜、蒙古蒿
	(十二)二色补血草群系	1. 二色补血草群丛	大穗结缕草、翅碱蓬、砂引草
	(十三)大穗结缕草群系	1. 大穗结缕草群丛	狗尾草、翅碱蓬、二色补血草
		2. 大穗结缕草—鹅绒藤群丛	狗尾草
		3. 大穗结缕草—青蒿群丛	鹅绒藤
		4. 大穗结缕草—砂引草群丛	翅碱蓬
	(十四)黄花草木樨群系	1. 黄花草木樨群丛	狗尾草、砂引草、鹅绒藤、青蒿
		2. 黄花草木樨—香附群丛	鹅绒藤、狗尾草
	(十五)杂草群系		大画眉草、芦苇、砂引草、狗尾草

（二）黄河三角洲贝壳堤湿地主要植被群落特征

由于贝壳堤湿地的植物群丛分类较多,我们仅从群系尺度上对主要灌木群落和草本植物群落分别进行统计分析(表 4.3)。

1. 黄河三角洲贝壳堤湿地灌木群落特征

（1）柽柳群落

柽柳群落常见于贝壳堤高潮线附近,偶尔也可零星分布于滩脊及向陆一侧,在本次调查中出现的频率为 18%。柽柳群落中的物种数较少,统计发现,尽管在柽柳群落中共出现物种 14 种。除柽柳是主要的建群种外,常见的共生或伴生植物有大穗结缕草、砂引草、狗尾草、虎尾草等。每个样方中平均存在的物种数为 2.77 种,平均群落盖度为 15.1%,多样性指数和均匀

表4.3　贝壳堤湿地植物群落群落相似性（Jacard 相似性系数）

群落类型	柽柳	酸枣	白刺	兴安天门冬	白羊草	野青茅	乌蔹莓+蒙古蒿	蒙古蒿	芦苇	紫菀	鹅绒藤	虎尾草	砂引草	补血草	结缕草	杂草	草木樨
酸枣	0.19																
白刺	0.20	0.24															
天门冬	0.00	0.11	0.17														
白羊草	0.06	0.05	0.07	0.10													
野青茅	0.05	0.13	0.14	0.22	0.18												
乌蔹莓+蒙古蒿	0.09	0.10	0.14	0.00	0.10	0.10											
蒙古蒿	0.18	0.29	0.27	0.11	0.04	0.11	0.13										
芦苇	0.04	0.14	0.11	0.15	0.14	0.26	0.11	0.15									
紫菀	0.00	0.11	0.09	0.18	0.00	0.18	0.07	0.13	0.15								
鹅绒藤	0.19	0.13	0.11	0.12	0.17	0.17	0.06	0.14	0.18	0.00							
虎尾草	0.06	0.02	0.00	0.00	0.00	0.00	0.00	0.02	0.00	0.00	0.10						
砂引草	0.17	0.10	0.15	0.00	0.13	0.08	0.08	0.10	0.06	0.00	0.13	0.00					
补血草	0.20	0.12	0.13	0.09	0.29	0.17	0.09	0.12	0.13	0.00	0.03	0.00	0.27				
结缕草	0.23	0.17	0.18	0.00	0.08	0.15	0.11	0.15	0.13	0.06	0.22	0.00	0.21	0.24			
杂草	0.14	0.13	0.17	0.07	0.18	0.18	0.13	0.09	0.15	0.07	0.17	0.00	0.14	0.20	0.23		
草木樨	0.13	0.10	0.12	0.07	0.20	0.13	0.07	0.08	0.11	0.00	0.18	0.00	0.15	0.10	0.20	0.19	
菟丝子+南草	0.10	0.06	0.03	0.00	0.00	0.00	0.08	0.08	0.06	0.00	0.00	0.00	0.00	0.11	0.12	0.08	0.00

度指数分别为 0.61 和 0.80(图 4.7 和图 4.8)。

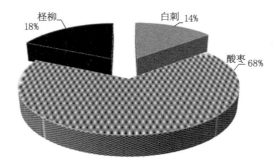

图 4.7　不同灌木群落出现频率

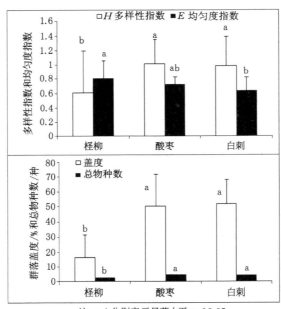

注:a、b分别表示显著水平$P<0.05$。

图 4.8　灌木群落特征

(2)酸枣群落

酸枣群落一般位于贝壳堤滩脊之上及其向陆一侧地势舒缓地带,出现的概率最高,为此次调查的 68%,其中的物种丰富度也较高,有 54 种植物均在酸枣灌下出现过。但常见的共优种为蒙古蒿,偶见与柽柳或杠柳共生的群落类型。平均每个样地中的物种数为 4.59 种,多样性指数和均匀度指数分别为 1.01 和 0.72,盖度为 50.17%(图 4.7 和图 4.8)。

(3)白刺群落

白刺群落较多的位于向陆一侧,调查过程中出现的频率为 14%,共生的总物种数和酸枣群落差异不大($P<0.05$)。平均每个样地中出现的物种数为 4.55 种,多样性指数和均匀度指数分别为 0.98 和 0.64,盖度为 51.86%(图 4.7 和图 4.8)。

2. 黄河三角洲贝壳堤湿地主要草本植物群落特征

(1)蒙古蒿群落

蒙古蒿群落在贝壳堤湿地的滩脊及向陆一侧分布广泛,出现频率为 15.67%,是一种优势的草本植物群落。共生的植物有白羊草、芦苇、大画眉草、茜草、鹅绒藤、猪毛菜、沙打旺、升马唐、鹅观草、假苇拂子茅等,每个样方中平均物种数有 4.64 种,平均盖度较大,有 67.46%,多样性指数和均匀度指数分别为 1.09 和 0.72(图 4.9 和图 4.10)。

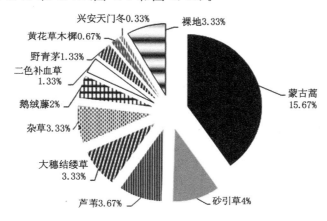

图 4.9　草本群落和裸地出现频率

(2)砂引草群落

砂引草在贝壳堤湿地的各个剖面上都广泛分布,出现频率为 4%(图 4.9)。平均盖度有 22.55%,相比其他群落较低(图 4.10),向海高潮线附近出现的共生的物种数较少,而在向陆侧共生的植物物种较多,平均的物种数为 2.88 种。多样性指数和均匀度指数分别为 0.57 和 0.36。

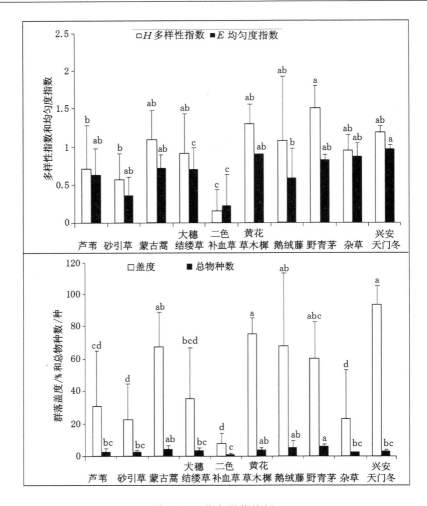

图 4.10　草本群落特征

（3）芦苇群落

芦苇群落在贝壳堤湿地从海到陆都有分布，是一种常见的群落类型，在调查中出现的频率为 3.67%。样方中物种数从 1 种到 9 种，多样性指数和均匀度指数分别为 0.71 和 0.63，平均盖度和物种数分别为 30.54% 和 2.92（图 4.9 和图 4.10）。

（4）大穗结缕草群落

大穗结缕草群落在黄河三角洲贝壳堤湿地呈聚集状分布，在调查中发现,其多分布于高潮线附近,某些滩脊处也会形成大穗结缕草群落,出现的频率为3.33%。其盖度平均为35.28%,总物种数平均有3.61种,共生的植物有鹅绒藤、虎尾草、翅碱蓬、狗尾草、砂引草、二色补血草。其多样性指数和均匀度指数分别为0.91和0.71(图4.9和图4.10)。

（5）杂草群落

杂草群落分布较散,该类群落的物种优势种不突出,多样性指数和均匀度指数分别为0.96和0.87,在贝壳堤湿地,杂草群落占的比重不低,其出现的频率为3.33%。

（6）鹅绒藤群落

鹅绒藤在贝壳堤湿地广泛分布,出现的频率有2%,共生的植物有狗尾草、翅碱蓬、阿尔泰紫菀、灰绿藜、鹅观草、大穗结缕草、虎尾草、升马唐、野大豆等植物,群落的盖度平均为67.53%(图4.9和图4.10)。

（7）二色补血草群落

二色补血草群落在贝壳堤呈小块分布,地势低洼的高潮线附近以及向陆侧的低洼地区有分布,频率为1.33%。群落盖度为8%,平均物种有1.3种。多样性指数和均匀度指数最低,分别为0.16和0.23(图4.9和图4.10)。

（8）野青茅群落

野青茅群落在所有群落中出现的样方频率为1.33%,多分布在向陆一侧的贝壳堤湿地上,共生的草本植物有兴安天门冬、蒙古蒿、鹅绒藤、青蒿等植物。平均盖度有60%,多样性指数和均匀度指数分别为1.50和0.83(图4.9和图4.10)。

（9）黄花草木樨群落

黄花草木樨群落分布在贝壳堤滩脊之上,成小规模的小块状分布,因此出现的频率较低,仅有0.67%。主要的伴生的植物有鹅绒藤、狗尾草、砂引草、青蒿和香附,平均每个样方中的物种数为4.33种,平均盖度为75%。多样性指数和均匀度指数分别为1.30和0.90(图4.9和图4.10)。

（10）兴安天门冬群落

调查中发现,兴安天门冬群落在向陆侧斑块分布,在所有的样方调查中出现的频率不高,仅有0.33%,但是其物种多样性较为丰富,每个小样方中总物种平均有3.25种,盖度有93.5%,多样性指数和均匀度指数分别为

1.19 和 0.97(图 4.9 和图 4.10)。

（11）裸地

此次调查中,发现渤海海岸贝壳堤湿地高潮线之上的裸地率为 3.33%(图 4.9)。很多地区,尤其是海岸沙滩的向海侧,裸露的地表随处可见,因此该地区应该是今后植被恢复的重点关注地区。

（三）黄河三角洲贝壳堤湿地群落的相似性比较

根据前面划分的群落类型,利用群落中的物种存在与否,计算群落的相似性指数,通过表 4.3 可以发现,在贝壳堤湿地群落之间的相似性指数极低。大部分的群落相似性系数在 0～0.25 之间,处于极不相似水平,体现了海岸环境的恶劣性以及隐域植被的特征。

三、讨论

生态系统中,不同群落类型的存在对于孕育物种多样性以及维系生态系统的平衡起到了重要作用,其深入研究对于合理开发、保护和利用植被资源具有重要的指导意义和应用价值[124]。海岸带处于海陆相接的地区,生境条件极其恶劣。贝壳堤湿地是海岸带淤泥质或粉砂质海滩,由于沙滩(丘)宽度较窄,淡水和营养资源较少[125],飓风、风暴潮、盐沫、沙丘移动、沙埋等频繁发生,环境异质性较强[29,126],研究困难,因此,对此类沙滩湿地生态系统植被群落类型的量化研究一直滞后[15]。

过去,部分学者对渤海海岸贝壳堤湿地的植物群落进行了初步的定性研究,发现该地区的植被类型包括两类植被型,分别为落叶阔叶灌丛和草甸,而两者又分别由 4 个群丛(柽柳群丛、酸枣群丛、白刺群丛、草麻黄群丛)和 7 个群丛(芦苇群丛、砂引草群丛、大穗结缕草群丛、青蒿群丛、蒙古蒿群丛、狗尾草群丛)组成[72]。本书通过数量分类的方法,在植被型上得到了相似的结论(存在两个植被型),但在群丛分类上发现,草麻黄群丛并未出现,这可能意味着该群落在该地区濒临灭绝。而另一方面,我们分类得到了更多的群丛类型和群系类型,分别有 18 个群系和 36 个群丛,更为贴切地反映了复杂多变的野外真实情况。同时,通过对不同群落的相似性进行研究发现,群落之间处于极不相似水平,体现了贝壳堤湿地群落之间的变异程度,也侧面反映了该地区群落类型的复杂性。

不同群落在调查时出现的频率,反映了群落分布在该地区的丰寡程度。通过研究我们发现,贝壳堤湿地灌木群落以酸枣群落为主,其在贝壳堤湿地出现的频率最高,究其原因,可能与贝壳堤湿地多沙基质为其滤除了近海高盐的生境起到了重要作用,同时酸枣比较耐旱[125],因此往往在贝壳堤的滩脊和向陆侧成为优势灌木群落,改善了沙滩的小环境条件,为很多物种提供了适宜的栖息地,在孕育物种多样性方面起到了重要作用,本次调查中发现,共计有 54 种植物在酸枣灌下出现过。而对于草本植物群落而言,蒙古蒿、砂引草和芦苇是 3 种出现频率较高的群落类型。因此这 4 类群落在今后的植被保护工作中应该加以关注,可能是该地区恢复的关键群落和优势种群。而另一方面,我们看到,样方调查同样有 3.33% 的裸地率,因此迫切需要探讨该地区影响植物、植被群落分布的关键因子,从而有效有序地开展植被的保护和恢复工作。

四、小结

结合样方调查数据,利用 TWINSPAN 分类的方法以及我国植物群落的命名办法,明确了渤海海岸贝壳堤湿地的植物群落类型,并分析了不同群落类型的特征。结果表明:

(1) 渤海海岸贝壳堤湿地群落类型多样。根据群落外貌和 TWINSPAN 分类,黄河三角洲贝壳堤湿地高等植物共存在 2 个植被型,18 个群系和 36 个群丛。植被型包括灌丛和草甸。而灌丛可以细分为白刺灌丛、酸枣灌丛、柽柳灌丛等 3 个群系类型。草甸可以分为 15 个群系类型,包括兴安天门冬群系、白羊草群系、野青茅群系、蒙古蒿+乌蔹莓群系、蒙古蒿群系、芦苇群系、阿尔泰紫菀群系、鹅绒藤群系、虎尾草群系、砂引草群系、菟丝子+茜草群系、二色补血草群系、大穗结缕草群系、黄花草木樨群系、杂草群系。

(2) 对主要植物群系进行特征的研究和比较发现,灌丛群落中,柽柳群落的物种数、群落盖度、多样性指数最低($P<0.05$)。酸枣和白刺群落盖度、总物种数、物种多样性指数和均匀度指数差异不大,但酸枣群落在调查时出现的频率最高,是贝壳堤湿地的优势灌木群落。对于草甸群落而言,蒙古蒿群落出现的频率最高,是该地区的优势群落,同时,蒙古蒿群落出现的物种

数最多,群落盖度位居草本群落第二。芦苇和砂引草群落的物种多样性指数、群落盖度以及物种数尽管不是很高,但其出现的频率较高,也是贝壳堤湿地常见的草本植物群落类型,因此以上 4 类植物群落在今后的植被保护和恢复工作中应该引起足够重视。

(3)渤海海岸贝壳堤湿地大部分群落之间的 Jacard 相似性指数在 0～0.25 之间,属于极不相似水平,体现了恶劣的海岸生态环境以及海岸植物的隐域性特征。

第五章　渤海海岸贝壳堤湿地植被空间格局及影响因子探讨

植被格局是指时间或空间上植物的存在及其分布特征。植被格局影响了许多自然生态过程,如水文循环[127]、生物多样性[128-129]、元素周转[130]、种间关系[131]、小气候[132]等,而另一方面,植被格局也是生境因子长时间作用于植物的外在反应,并且,生物、非生物因素均会对植被的分布和空间格局产生影响[15,133-134],因此,确定影响植被空间分布格局的关键因子可以为植物多样性保护和植被恢复工作提供技术借鉴和数据支撑。为明确渤海海岸贝壳堤湿地的植被空间格局,本书首先对该地区海陆间的分布特征进行了研究。同时,利用 CCA 排序分析了样方生境的相互关系,明确了贝壳堤物种分布的影响因素,同时又利用方差分解的方法分析了环境因子对植被空间格局的贡献。

一、研究方法

(一)样地布置与调查方法

在野外普查的基础上,于 2013 年 7 月中旬至 8 月初植物生长盛季,我们设置了 7 条垂直海岸线方向的样带。调查从高潮线开始,每隔 5～6 m 布设样方,样方大小为 1 m(平行海岸线方向)×1 m(垂直海岸线方向),并重复 3 次,统计样方内物种名称和物种存在的数量、高度、盖度。

物种的鉴定采用第三章的方法,物种数目采用样方内计数的方法,植被盖度采用目视估测法进行统计,以百分比表示[135],植株高度利用皮尺测量的方法。

(二)非生物因子的测定

样方调查的同时,对每个样方中心位置的距高潮线距离、距陆距离(距离最近的养殖池或防潮堤的距离)、地貌特征、生产通道的干扰、侵蚀状况等进行统计。同时采取每个样方表层 0～30 cm 土壤土样进行土壤质量含水量、土壤有机碳（SOC）、总氮（TN）、总磷（TP）、总钾（TK）含量的测定。

距高潮线距离和距陆距离利用 GPS 测定地理位置并进行换算，单位为 m。地貌特征结合文献 G. Fenu 等[15]，人为设定为高潮线附近、前丘、丘顶、丘后背风坡、丘后低地等 5 种地貌类型，分别赋值从 1～5。生产通道和海浪侵蚀概率以野外观测为准，仿 D. Ciccarelli[18]，赋值原则如下：几乎没有人到达的地方，缺乏海浪侵蚀或人类干扰的地区，赋值＝0；偶尔会有人类活动，或大的风暴潮会上岸侵蚀，属于较低干扰，赋值＝1；中等干扰，在道路的附近，人类会产生践踏采集等活动，中等程度的风暴潮会到达该地区产生侵蚀，赋值＝2；高度干扰，位于道路之上或道路两侧 1 m 的范围之内，或者处于高潮线附近，正常海浪即可到达并对海岸沙滩造成侵蚀，赋值＝3。因此，数据越大，说明干扰强度越大。

对每个样方的表层 0～30 cm 土壤采样，重复 5 次，并混匀，装入塑料袋密封带回实验室，利用烘干法测定质量含水量，以百分比表示，其余土样待风干粉碎过 2 mm 筛后测定土壤的有机碳、全氮、全磷、全钾含量。其中，土壤有机碳含量利用 K_2CrO_7-H_2SO_4 氧化法测定；总氮含量利用 H_2SO_4-$HClO_4$ 消煮后用流动注射分析仪（AA3）测定；总磷含量利用 H_2SO_4-$HClO_4$ 消煮后钼锑抗比色方法确定，总钾利用 H_2SO_4-$HClO_4$ 消煮后原子吸收法测定。

（三）数据分析

1. 物种数据的处理

由于同一条样带上距海岸线相同距离的 3 个样方植被分布差异不大，我们分别对样方内的植物参数进行平均，因此，共计得到 66 个样方。计算每个样方的物种的重要值，计算方法同前。为确定海岸地区植被群落的带状分布格局，利用层次聚类的方法（Bray-Curtis distance）对每个样带的植物群落进行区分，明确每条样带植被类型，并统计每条样带的植被盖度、丰度、β 多样性变化。利用 SΦrenson 指数（IAc）和 Cody 指数（β_C）来表征海陆梯度上 β 多样性的变化，IAc 和 β_C 计算公式如下：

$$IAc = \frac{2c}{a+b} \tag{5.1}$$

$$\beta_c = \frac{a + b - 2c}{2} \tag{5.2}$$

式中,a、b分别代表两样方的物种数目,c代表了两样方的共有物种数。

2. 环境数据的处理

（1）数据转换与计算

利用对数转化的方式将所有环境因子转化成数量型数据。根据样方的物种特征数据（物种重要值,计算方法同前章）、样方的环境因子（土壤质量含水量、土壤有机碳含量、土壤总氮、土壤总磷含量、土壤总钾含量、地貌特征、距海距离、距陆距离、道路践踏干扰、海浪侵蚀、样带长度等11个环境因子）利用排序的方法研究影响贝壳堤湿地植被分布的环境因子。

（2）排序方法

排序是一种很好的解释植物分布、样方乃至与环境因子关系的方法,其原理是将样方或植物种尽可能通过排序形成可视化的低维空间,保证前面的几个排序轴尽可能最大地包含大量的生态信息。赖江山和米湘成[136]通过大量的研究表明,模型的选择对于确定物种与环境的关系至关重要。一般来说,如果物种分布变化大,选择单峰模型的效果比较好,反之则利用线性模型。最直观的表征则是通过对样方物种的典范对应分析（canonical correspondence analysis,简称CCA）排序的特征根"lengths of gradient"来判别选择线性排序还是单峰排序模型[137],方法如下:如果DCA分析结果中的"lengths of gradient"前4轴的最大值大于4,选择单峰模型更合适,相应的排序方法有对应分析（correspondence analysis,简称CA）和典范对应分析;如果小于3,则选择线性模型合适,排序方法有主成分分析（principal components analysis,简称PCA）、冗余分析（redundancy analysis,简称RDA）;而如果介于3～4之间,线性模型和单峰模型均可。为确定影响渤海海岸贝壳堤湿地植物生长的因子及其贡献率,本书首先对样方的物种数据进行了DCA排序,发现,贝壳堤湿地样方内植物数据的DCA排序结果中最大的轴长为4.471,大于4（表5.1）,因此,在进行排序时我们选择单峰模型,本书利用CCA排序进行物种分布和环境因子关系的深入探讨。在进行CCA排序时,对样方的环境因子进行中心化,运行999次。利用蒙特卡洛（Monte Carlo）检验环境因子与排序轴的相关性程度。

表 5.1　DCA 特征根

	DCA1	DCA2	DCA3	DCA4
特征值	0.620	0.390	0.375	0.336
Decorana 值	0.670	0.543	0.326	0.294
轴长	4.471	4.315	2.580	3.180

（四）数据分析软件

用 SPSS 19.0 进行数据分析处理；作图用 Excel 2007；利用 PC-ORD 5.0 软件进行 DCA、CCA 排序分析，利用 R 软件进行蒙特卡洛检验、方差分解和韦恩图绘制。

二、结果

（一）渤海海岸贝壳堤湿地海陆植被特征

（1）植被盖度

从高潮线开始，样方尺度上渤海海岸贝壳堤湿地的植被盖度逐渐增加，直至最高，之后随着距海距离的增加，群落盖度降低，呈现典型的"脊"形分布特征（图 5.1）。所有样带上，群落的盖度与距海距离均符合二项式分布方

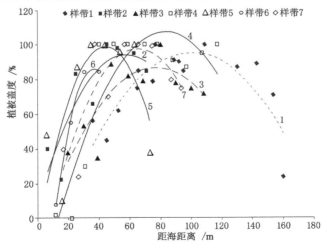

图 5.1　植被盖度与距海距离的关系

（其中，拟合曲线上的数字代表样带号，下同）

程,并达到显著水平($P<0.05$,表 5.2),有 6 条样带的拟合方程达极显著水平($P<0.01$)。另一方面,不同样带上样方植被盖度达到峰值的速率存在差异,样带 6 最为陡峭(斜率为 0.125),样带 1 和样带 3 的植被盖度斜率较小,达到盖度峰值较为舒缓(斜率为 0.013 和 0.016)。

表 5.2 不同样带群落盖度与距海距离的关系方程

样带	方程	R^2	P
1	$y=-0.013x^2+2.604x-35.19$	0.707	<0.01
2	$y=-0.025x^2+2.954x+8.477$	0.737	<0.01
3	$y=-0.016x^2+2.538x-11.96$	0.675	<0.01
4	$y=-0.021x^2+3.634x-45.13$	0.811	<0.01
5	$y=-0.053x^2+4.717x-5.990$	0.574	<0.05
6	$y=-0.125x^2+9.286x-86.16$	0.996	<0.01
7	$y=-0.028x^2+3.806x-27.48$	0.679	<0.01

(2)物种丰度

物种丰度在海陆梯度上同样遵循二项式方程(表 5.3,图 5.2)。随着距海距离的增加,群落的物种丰度逐渐增加,然后再下降,同盖度一样出现"脊"形的分布方式(样带 1,2,4,5,7),但是样带 3 和样带 6 出现了相反趋势,表现为随着距海距离的增加,物种丰度先降低后升高,出现"凹"形的特征。

表 5.3 不同样带群落物种丰度与距海距离的关系

样带	方程	R^2	P
1	$y=-0.000x^2+0.114x+0.200$	0.585	<0.01
2	$y=-0.003x^2+0.291x-0.936$	0.395	<0.05
3	$y=0.001x^2-0.107x+6.173$	0.684	<0.01
4	$y=-0.000x^2+0.127x+0.237$	0.429	<0.05
5	$y=-0.001x^2+0.183x+0.532$	0.751	<0.01
6	$y=0.008x^2-0.383x+5.292$	0.992	<0.01
7	$y=-0.001x^2+0.122x+0.666$	0.282	—

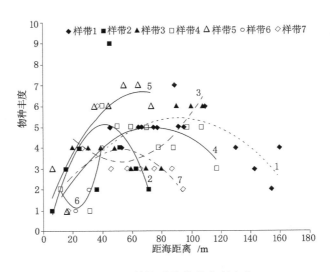

图 5.2　从海到陆物种丰度变化

（3）β 多样性

SΦrenson 指数代表了两样方内物种的相似性，由图 5.3 可以看出，随距海距离的增加，所有样带相邻样方的 SΦrenson 指数变化不大，大部分呈现出先升高后又降低然后又升高降低的波动趋势。Cody 指数反映的是物种的替代速率，其变化与 SΦrenson 指数呈现相反的趋势。

（4）植被类型

从海到陆植物群落出现相对典型的带状分布格局。从高潮线至 20 m 的范围内，存在柽柳群落、芦苇群落和砂引草群落 3 种植被类型。距海距离在 20～40 m 范围，存在的植物群落有二色补血草、芦苇、砂引草、杠柳、大穗结缕草、菟丝子、蒙古蒿群落。距海距离在 40～100 m 范围，出现的植物群落包括芦苇、砂引草、白羊草、阿尔泰紫菀、酸枣、蒙古蒿、黄花草木樨、青蒿、乌蔹莓、盐地碱蓬、野青茅群落。距海距离大于 100 m，出现的植物群落包括野青茅、鹅绒藤、荻、大穗结缕草、芦苇等植物群落（图 5.4）。

不同样带的植被数量及类型存在差异。有些样带植物群落类型多，有些样带存在某些植物类型的缺失，样带 1、2、3、4、5、6、7 分别各有 9 种、5 种、5 种、3 种、6 种、2 种、6 种植被类型。同一植被类型在不同样带上出现的距海距离存在差异。如芦苇群落共计在 4 条样带出现，在样带 1 中出现的位

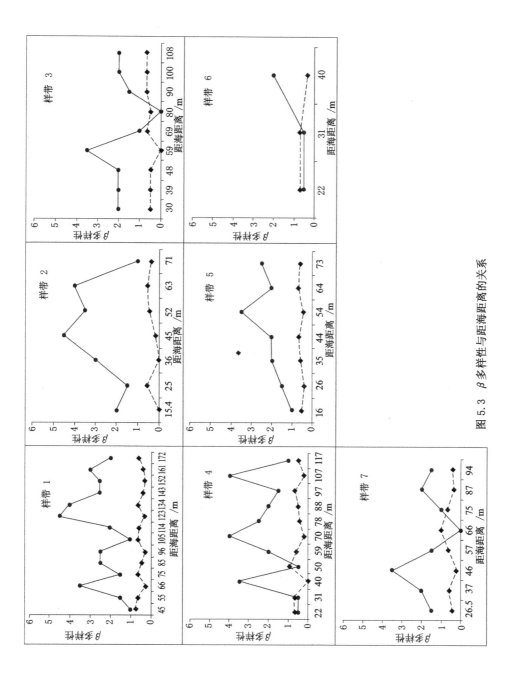

图 5.3　β 多样性与距海距离的关系

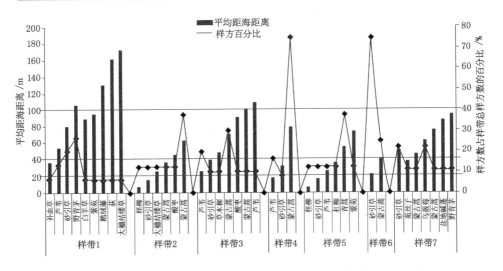

图 5.4　从海到陆每条样带的植被类型变化

置为距海 53.5 m,样带 3 中分别在距海 29.67 m 和 108 m 时出现,样带 4 中出现的距海距离为 17 m,样带 5 中群落的距海距离为 108 m。蒙古蒿群落在 5 条样带上分布典型,样带 2 中出现的距海距离平均为 55.5 m,样带 3 中分别在 69.33 m 和 100 m 的距海距离时出现,样带 4、样带 6 分别出现的距海距离为 78.44 m、40 m,样带 7 中在距海距离 46 m 和 61 m 均形成典型群落。而砂引草形成优势种的群落一般距海岸小于 39 m,但在样带 1 中,其出现时距海距离为 79.67 m。

（二）植物群落与环境因子的关系

（1）环境因子之间的关联性

关联性分析表明,不同因子之间关系复杂。土壤质量含水量与距陆地的距离无关,与其他因子都显著相关,其中,距海距离、样带长度与土壤质量含水量成显著正相关,与地貌特征、侵蚀频率和道路践踏概率成显著负相关（P<0.01）。土壤有机碳含量与地貌、距陆距离呈显著正相关（P<0.01）。而与道路践踏、海浪侵蚀成显著负相关,体现了人类活动对滨海湿地有机碳输入影响的正相关性。土壤总氮、总磷和总钾含量与其余因子的关系类似,与地貌呈显著正相关,而与侵蚀、道路践踏,距陆距离呈显著负相关,与样带长度相关不显著（表 5.4）。

表 5.4　不同环境因子之间的相关系数

	Water	SOC	TN	TP	TK	Sea	Topo	Ero	Path	Inland	Len
Water	1										
SOC	0.57**	1									
TN	0.54**	0.91**	1								
TP	0.54**	0.69**	0.55**	1							
TK	0.79**	0.67**	0.58**	0.72**	1						
Sea	0.58**	0.66**	0.67**	0.49**	0.72**	1					
Topo	-0.33**	0.72**	0.72**	0.45**	0.48**	0.78**	1				
Ero	-0.33**	-0.70**	-0.73**	-0.44**	-0.48**	-0.76**	-0.89**	1			
Path	-0.48**	-0.51**	-0.56**	-0.27*	-0.48**	-0.64**	-0.44**	0.48	1		
Inland	0.11	0.46**	-0.47**	-0.29*	-0.06	-0.37**	-0.57**	0.57**	0.32*	1	
Len	0.64**	0.20	0.23	0.17	0.58**	0.57**	0.21	-0.21	-0.31*	0.53**	1

注：Water、SOC、TN、TP、TK、Sea、Topo、Ero、Path、Inland、Len 分别代表环境因子土壤质地土壤含水量、土壤有机碳含量、总氮、总磷、总钾含量、距高潮线距离、地貌特征、海浪侵蚀概率、生产通道道路儿率、距陆距离、样带长度，下同。* 和 ** 分别表示相关系数的显著水平为 $p < 0.05$ 和 $p < 0.01$。

（2）排序轴的环境因子解释

通过 CCA 排序并进行蒙特卡洛检验发现，排序共计出现了贡献率较大的 3 个排序轴，并且第一轴和第二轴的特征根分别为 0.608 和 0.53，达到极显著水平（$P<0.01$）和显著水平（$P<0.05$）（表 5.5）。结合不同环境因子与排序轴的相关性发现，前两轴解释的环境变量较为丰富，其中：排序轴 1 依次解释的变量有地貌特征（＋0.972）、侵蚀概率（－0.868）、总氮含量（＋0.686）、距海距离（＋0.668）、有机碳含量（＋0.638）、距陆距离（－0.527），表征了从海到陆生境因子的梯度变化；排序轴 2 解释的变量有土壤含水量（＋0.892）、总钾（＋0.753）、样带或沙滩长度（＋0.645）；排序轴 3 解释的变量不显著（表 5.6）。因此，根据以上结果，我们在绘制排序图时，选择了以上 9 个指标。

表 5.5　排序轴的特征

	轴 1	轴 2	轴 3
特征值	0.608＊＊	0.530＊	0.236
物种数据的方差解释百分比	7.8	6.8	3.0
累计百分比	7.8	14.5	17.6
皮尔逊相关，Spp-Envt＊	0.891	0.910	0.730
柯德尔纠正系数，Spp-Envt	0.522	0.655	0.455

表 5.6　环境因子与排序轴之间的相关系数和双序图得分

	相关系数			双序图得分		
	轴 1	轴 2	轴 3	轴 1	轴 2	轴 3
土壤含水量（water）	0.238	0.892＊＊	0.027	0.185	0.650	0.013
SOC	0.638＊＊	0.306	0.000	0.497	0.223	0.000
TN	0.686＊＊	0.204	－0.013	0.535	0.148	－0.006
TP	0.297	0.419	0.295	0.232	0.305	0.143
TK	0.377	0.753＊＊	0.028	0.294	0.548	0.014
距海距离（sea）	0.668＊＊	0.484	0.251	0.520	0.353	0.122
地貌特征（topo）	0.972＊＊	0.121	0.115	0.757	0.088	0.056
侵蚀概率（ero）	－0.868＊＊	－0.1	0.112	－0.677	－0.073	0.054

表 5.6(续)

	相关系数			双序图得分		
	轴 1	轴 2	轴 3	轴 1	轴 2	轴 3
环境变量(path)	−0.371	−0.326	0.096	−0.289	−0.237	0.047
距陆距离(inland)	−0.527*	0.215	−0.033	−0.411	0.157	−0.016
样带或沙滩长度(len)	0.163	0.645**	0.092	0.127	0.470	0.045

（3）物种分布、植被类型与环境因子的关系

根据环境因子、植物在排序轴中的分布发现，贝壳堤湿地共计出现 4 种典型生境，对应着不同的植物。其中，第一类生境代表的是距海较近、侵蚀较频繁的高潮线附近地区，柽柳、蒙古鸦葱、獐毛、芦苇、二色补血草、大穗结缕草是该地区的土著植物。第二类为土壤干旱、养分瘠薄的沙滩前丘地区，分布的植物有滨旋花、猪毛菜、狗尾草、砂引草、黄花草木樨、杠柳、苍耳、菟丝子、茜草等。第三类生境具有距海相对较远、土壤侵蚀少、土壤有机碳含量和总氮含量高的特征，一般为贝壳堤沙滩顶部以及丘后舒缓带地区，酸枣、沙打旺、青蒿、蒙古蒿、乌蔹莓、野大豆、紫花苜蓿、白羊草、阿尔泰紫菀、灰绿藜、鹅绒藤等广泛分布。第四类生境是向陆侧人工或天然湿地及低地，具有沙滩足够长和土壤湿度较大的特征，该地区出现的植物有盐地碱蓬、兴安天门冬、荻、野青茅、白刺、地肤等。

同样，根据图 5.5，我们可以看出不同植被类型所占据的生境空间存在显著差异。二色补血草、蒙古鸦葱、柽柳、大穗结缕草、芦苇群落多分布在距离海岸较近、距陆地较远、海岸侵蚀频繁的地区，砂引草、杠柳、黄花草木樨、菟丝子群落处于距陆距离相对稍远、侵蚀相对少、土壤总氮、总有机碳稀少的沙丘前沿地区；蒙古蒿、酸枣、青蒿、阿尔泰紫菀群落则处于距海距离远、侵蚀少、土壤总有机碳和总氮含量丰富的地区；盐地碱蓬、野青茅、荻群落则一般在较宽的海陆距离（样带长度）、较高的土壤含水量下才会出现。

（5）不同环境因子对物种分布的相对贡献

方差分解的结果表明，土壤因子相比干扰（自然和人类活动干扰）和沙丘的位置（距海、距陆距离）对植物的分布贡献具有稍微较高的优势。而两者结合共同解释的变量较高，达到了 0.16，说明距海（陆）距离、样带的长度（沙滩湿地或沙堤的海陆间长度）、土壤侵蚀、道路践踏干扰合并土壤因子对

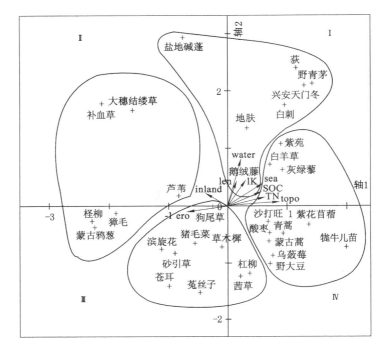

图 5.5　物种与排序轴的关系

植被分布均产生了重要的影响,在植被恢复过程中在重点考虑土壤因子的情况下,也需兼顾沙滩的特征及其所受到的干扰状况(图 5.6)。

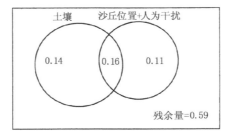

图 5.6　土壤因子和贝壳堤海陆距离以及干扰对植被分布的贡献

三、讨论

　　深入了解植物多样性的分布格局是群落生态学和保护生物学的基础[131,138]。尽管海岸带属于相同的气候区,海陆交互作用导致环境因素在海陆梯度上呈带状变化,因此,植被的带状分布是滨海湿地植被的典型特征[29,139]。本研究发现,样方尺度上,渤海海岸贝壳堤湿地大多数样带上的植被盖度和物种丰度呈现海陆两侧低、中间高的"脊"形分布特征。究其原因,沙滩中部的植被盖度和物种丰度较高可能与微生境条件,诸如沙滩地下水位相对较高以及土壤侵蚀的概率变小有关,而海陆两侧物种少、盖度低则与其接触的自然或人为干扰多有关。同时,距海(高潮线)20 m、20～40 m、40～100 m、大于 100 m 的沙滩湿地分别分布着相应的植被群落,表现出相对典型的带状分布格局。

β 多样性体现了生境被物种分割的程度,代表了物种在不同环境梯度下的更替速率以及物种的扩散方式[138],是研究群落演替机制以及群落构建过程的有效途径[140]。其中,SΦrenson 指数代表了两样方内物种的相似性,Cody 指数反映的是物种的替代速率。研究发现,随距海距离的增加,所有样带相邻样方的 SΦrenson 指数变化不大,大部分呈现出先升高后又降低然后又升高后降低的波动趋势,而 Cody 指数与 SΦrenson 指数呈现相反的趋势,也表现出相应的植被带状分布格局。但是,根据不同样带的波动规律发现,渤海海岸贝壳堤湿地的相邻样方的物种相似性和替代速率的间距(简称 β 多样性变化间距)存在一定规律,随着沙滩(丘)长度的增加,β 多样性的变化间距呈现先升高后又下降的趋势,与沙滩(丘)的长度符合二项式方程,并达到极显著水平($P<0.001$,图 5.7)。通过拟合方程可以发现,在沙滩上可能存在一个拐点(即曲线最高点对应的沙滩长度),本研究中计算得出的沙滩长度拐点为 117.92 m,超过该长度以后,物种的组配间距随着沙滩长度的增加而下降,可能表明超过该沙滩长度以后的沙滩地区才是孕育更多物种多样性的地区;而在拐点之前,随着沙滩长度的增加,其 β 多样性的变化间距也不断增加,可能意味着从高潮线到拐点的距离受海洋动力的影响相对均质,小于等于该拐点长度的沙滩对于孕育物种多样性起到的作用不大,抑或对于群落稳定性的影响不大,因此,该点的确定对于今后的植被保护和恢复可能具有重要的意义。而通过对不同样带 β 多样性的变化间距占样带长度的比例进行分析发现,随着沙滩长度的增加,比例显著下降($P<0.001$),从另一方面表明了越长的沙滩具有更为剧烈的物种相似和替代速率,对于孕育更为丰富的物种多样性发挥了重要的作用。但是,由于本书研究过程

中设置的样带有限,今后有必要深入研究拐点的位置以及 β 多样性在海陆间的变化,这对于保护区在海滩(丘)长度的设置以及物种保护可能具有重要的科学研究意义。

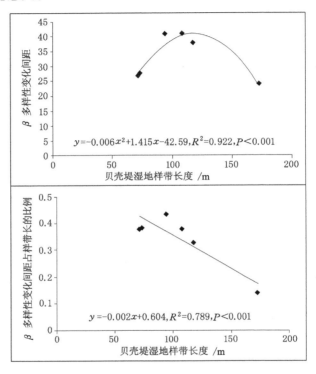

图 5.7 渤海海岸贝壳堤湿地植物群落 β 多样性波动间距特征

除沙滩长度外,微生境的差异如沙滩特征、人类干扰(包括但不限于旅游践踏、放牧、道路和住房等基础设施建设、资源开采、围海利用)等造成的生境异质性[15,18],使资源的可利用性、胁迫干扰压力剧变,加上植物繁殖扩散方式的差异,往往导致海岸带植被的镶嵌性分布明显[18]。本研究发现,不同样带上分布的植被类型、数量以及沿海岸梯度的更替也不同,在外貌上呈现出植被的斑块状分布特征。究其原因,有学者认为,由潮汐作用引起的盐梯度变化是海岸带地区植被和物种分布的一个重要原因[141],也有学者认为,海风以及土壤因子在物种分布格局有重要贡献[15,18]。据以往的研究表明,渤海海岸贝壳堤湿地表层土壤盐分含量不高且变化不大,相比而言,粒径较粗的贝壳砂基质则在持蓄淡水方面起到了重要作用,因此,土壤水分的有效性应该被考虑为一个关乎植物生长的重要因素[125]。本研究发现,表层0~30 cm的土壤含水量是一个影响该地区植物分布的关键因子,特别是在决定喜湿植物如盐地碱蓬、地肤、荻、鹅绒藤、白刺、兴安天门冬、野青茅,耐旱植物如杠柳、茜草、苍耳、菟丝子、砂引草、猪毛菜、黄花草木樨、狗尾草的分布方面起到了重要作用。除此之外,海岸侵蚀干扰和人类活动干扰下,分别促生了不同的植物类型,在沙滩湿地相对干扰最少、土壤有机碳含量和总氮含量最高的地区,孕育了阿尔泰紫菀、白羊草、灰绿藜、酸枣、沙打旺、青蒿、蒙古蒿、乌蔹莓、野大豆、紫花苜蓿、牻牛儿苗、中亚滨藜等植物。确定植物生长环境以及植被类型分布的差异,对于今后的植被保护和恢复工作提供强有力的借鉴。而另一方面,通过方差分解发现,土壤因子相比距海陆的距离以及自然或人为的干扰在决定植被分布上起到了更为重要的作用,今后应该加深该地区土壤(亦即贝沙基质)特征与物种相互关系的研究。

四、小结

利用样带和样方结合的方法,采用排序的技术手段,分析了渤海海岸贝壳堤湿地的植被分布特征,探讨了影响植被分布的环境因子。结果如下:

(1)沿着由海向内陆方向,渤海海岸贝壳堤湿地的植被盖度和物种丰度表现出"脊"形分布特征。随着距海距离增加,β 多样性呈现出有规律的波动趋势,并且其波动规律与沙滩长度符合二项式方程。

(3)植被类型呈现出相对典型的带状分布格局。从高潮线至 20 m 的范围内,存在柽柳群落、芦苇群落和砂引草群落 3 种植被类型。距海距离在 20~40 m 范围,二色补血草、芦苇、砂引草、杠柳、大穗结缕草、菟丝子、蒙古蒿群落分布。距海距离 40~100 m 范围,出现的植物群落包括芦苇、砂引草、白羊草、阿尔泰紫菀、酸枣、蒙古蒿、黄花草木樨、青蒿、乌蔹莓、盐地碱蓬、野青茅群落。距海距离大于 100 m,出现的植物群落包括野青茅、鹅绒藤、荻、大穗结缕草、芦苇等植物群落。

(4)不同样带的群落变化存在差异。通过对各样带的环境因子进行研究,并样方内的物种状况进行排序发现,贝壳堤湿地植被的分布受多种因子的影响,影响较显著的环境因子包括土壤因子(土壤含水量、土壤总钾含量、土壤有机碳含量、土壤总氮含量)、沙丘地质地貌特征(样带长度、地貌特征)、侵蚀频率、距海和陆距离等显著相关($P<0.05$)。不同植物在排序轴中分化明显,排序轴1表征了由海到陆的环境梯度变化,轴2代表了土壤含水量高低以及沙滩的长短。根据环境因子、植物在排序轴中的分布发现,贝壳堤湿地共计出现4种典型生境,孕育了不同的植物及植被类型,可以为今后的植物保护和植被恢复工作提供借鉴。其中,第一类生境代表的是距海较近、侵蚀较频繁的高潮线附近地区,柽柳、蒙古鸦葱、獐毛、芦苇、二色补血草、大穗结缕草是该地区的土著植物。第二类为干旱、土壤养分瘠薄的沙滩前丘地区,分布的植物有滨旋花、猪毛菜、狗尾草、砂引草、黄花草木樨、杠柳、苍耳、菟丝子、茜草等。第三类生境具有距海相对较远、土壤侵蚀少、土壤有机碳含量和总氮含量高的特征,一般为贝壳堤沙滩顶部以及丘后舒缓带地区,酸枣、沙打旺、青蒿、蒙古蒿、乌蔹莓、野大豆、紫花苜蓿、白羊草、阿尔泰紫菀、灰绿藜、鹅绒藤等广泛分布。第四类生境具有沙滩海陆距离足够长和土壤湿度较大的特征,在贝壳堤湿地指的是向陆侧人工或天然湿地及低地,分布的植物有盐地碱蓬、兴安天门冬、荻、野青茅、白刺、地肤等。此外,方差分解的结果表明,土壤因子在控制植物分布和植被类型起主要作用,但沙丘特征(样带长度、地貌特征、侵蚀频率、距陆距离)也不容忽视,它协同土壤因子对植物的特定分布起到了重要作用。

第六章　渤海海岸贝壳堤湿地植物群落稳定性及驱动因子分析

稳定性是植物群落结构与功能的一个综合特征,指生态系统在一定边界范围内保持恒定或某一特定状态的历时长度,是群落外部条件发生变化或存在扰动时系统维持不变以及迅速恢复的能力,又称抗干扰力和恢复力,是生态系统存在的必要条件和功能表现[142]。研究植被群落稳定性特征和规律,分析影响植被群落稳定性的影响因素,可以为天然植被的保护利用提供科学依据[18,143]。渤海海岸贝壳堤湿地作为海陆交错带的一类生态系统,在海洋和陆地的双向作用下,植被的稳定性具有什么样的特征?什么因素在影响着该系统中的植被稳定性至今不明确。

为进一步指导渤海海岸贝壳堤的植被保护和生态系统恢复工作,本书对不同尺度下渤海海岸贝壳堤湿地的植物群落稳定性进行了探讨,主要的目的如下:① 了解渤海海岸贝壳堤湿地沙丘的植物群落的稳定性特征;② 探讨影响植物群落稳定性的关键因子。

一、研究方法

（一）样地调查

取样方法同前章。

（二）数据处理方法

（1）群落稳定性的计算方法

利用改进的 M. Godron 稳定性测定方法分析群落稳定性[143]。其原理如下:按从大到小的顺序排列群落或样方中所有植物的盖度,计算总种数倒数的累计百分数和相对盖度的累计百分数,对两者做散点图,用曲线方程进行模拟,同时计算该曲线方程与直线方程的交点坐标,如果交点坐标越趋近于(20,80),则反映群落越稳定,反之越不稳定。曲线方程和直线方程如下:

$$y = ax^2 + bx + c \tag{6.1}$$

$$y = 100 - x \tag{6.2}$$

利用两方程的交点坐标与平衡点（20,80）之间的欧氏距离来分析群落的稳定性。

（2）不同尺度的换算方法

样方尺度的群落稳定性直接利用野外样方调查数据得来。群落尺度的稳定性根据第五章的植被类型划分进行归类。样带的群落稳定性根据各样带的群落稳定性的平均值代替。

（3）群落稳定性的影响因子分析

环境因子的换算同不同尺度稳定性的划分和换算，利用多元线性回归分析（GLM），研究不同尺度下群落稳定性的影响关键因子，并利用显著度 $P<0.05$ 检验与各因子之间的泊松（Pearson）相关性的显著度。

（4）分析软件

利用 Excel 2007 作图。利用 SPSS 19.0 进行多元线性回归分析（GLM）分析和 Pearson 相关性分析。

二、结果分析

（一）样方尺度上的群落稳定性分析

样方尺度上，渤海海岸贝壳堤湿地植物群落的稳定性变化巨大。植物群落距离稳定点的欧氏距离变幅从 0.81 到 79.32，变异系数为 89.38%，平均值为 22.74（表 6.1，图 6.1）。

表 6.1　样方尺度下群落稳定性的欧氏距离变化

最大值	最小值	平均值	变异系数/%
79.32	0.81	22.74	89.38

根据多元线性回归和 Pearson 相关性分析可以看出（表 6.2），样方尺度下的距离稳定坐标点的欧氏距离与土壤含水量、土壤有机碳含量、总氮含量、总钾含量、距海距离、地貌类型、样带长度呈负相关，也即其群落的稳定性与这些因素成正相关，而侵蚀概率、道路干扰、距陆距离与距离稳定点的欧氏距离成

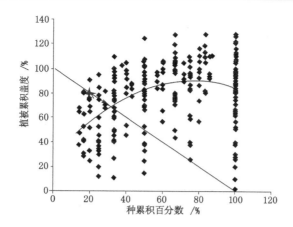

图 6.1 所有样方群落稳定性曲线

正相关,表明其稳定性与以上因素呈负相关。此外,土壤的有机碳含量、总氮含量、距海距离、侵蚀频率、道路干扰对样方尺度下群落稳定性的影响达到显著水平($P<0.05$),体现了微生境对样方下植被群落稳定性的重要影响。

表 6.2 样方内群落的稳定性与环境因子的 Pearson 相关性

	water	SOC	TN	TP	TK	sea	topo	ero	path	inland	len
欧氏距离	−0.16	−0.23*	−0.27*	−0.13	−0.15	−0.21*	−0.33**	0.26*	0.25*	0.19	−0.04

(二)群落尺度上的稳定性

群落尺度下不同植被群落距离平衡点的欧氏距离存在显著差异(表6.3和表6.4),欧氏距离值介于3.93～55.94,平均值为20.35,其群落间变异系数达到了90.26%。根据欧氏距离与群落稳定性的关系,渤海海岸贝壳堤湿地的植被群落稳定性次序如下:鹅绒藤>菟丝子>阿尔泰紫菀>乌蔹莓>二色补血草>酸枣>杠柳>野青茅>青蒿>盐地碱蓬>荻>蒙古蒿>黄花草木樨>大穗结缕草>柽柳>砂引草>芦苇(图6.2)。

表 6.3 群落尺度下群落稳定性的欧氏距离变化

最大值	最小值	平均值	变异系数/%
55.94	3.93	20.35	90.26

表 6.4　不同群落的稳定性差异

	平方和	自由度	均方	F	P
组间	8 869.01	16	554.31	2.58	0.01
组内	6 886.72	32	215.21	—	—
总数	15 755.72	48	—	—	—

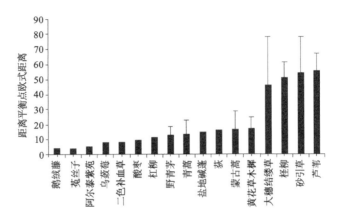

图 6.2　不同样带群落的稳定性

相关性分析表明,各群落距离平衡点的欧氏距离的驱动因子存在差异,酸枣群落稳定性与土壤含水量、有机碳含量、总氮含量、距陆距离显著正相关($P<0.05$);柽柳群落均处于向海侧高潮线附近、地貌单一、道路干扰频繁,其稳定性与土壤含水量、距海距离、土壤侵蚀、距陆距离和沙滩长度成显著负相关,而与其他因子正相关。砂引草群落稳定性主要与土壤总氮含量、总钾含量、距海距离、地貌、距陆距离和沙滩长度成显著正相关。蒙古蒿群落稳定性与沙滩长度呈显著正相关(表 6.5)。

表 6.5　群落稳定性与环境因子的 Pearson 相关性

	water	SOC	TN	TP	TK	sea	topo	ero	path	inland	len
酸枣	-0.96*	-0.97*	-0.98*	-0.53	0.53	0.21	0.59	—	-0.1	-0.97*	-0.07
柽柳	1.0**	-1.0**	-1.0**	-1.0**	-1.0**	1.0**	—	1.0**	—	1.0**	1.0**
砂引草	-0.62	-0.92	-0.95*	-0.59	-0.96*	-1.0**	-0.98*	0.89	-0.38	-1.0**	-0.99**

表 6.5(续)

	water	SOC	TN	TP	TK	sea	topo	ero	path	inland	len
芦苇	−0.23	−0.86	−0.83	−0.56	−0.66	−0.95	−0.71	0.31	0.79	0.24	−0.3
蒙古蒿	−0.16	−0.03	−0.19	0.12	0.09	−0.17	−0.02	0.12	0.1	−0.14	−0.48*

（三）样带尺度上渤海海岸贝壳堤植物群落稳定性

样带尺度上的植物距离稳定点的平均欧氏距离为 24.24,最大值和最小值分别为 42.05 和 6.33,变异系数为 47.25%(表 6.6)。

表 6.6　样带尺度下稳定性的欧氏距离变化

最大值	最小值	平均值	变异系数/%
42.05	6.33	24.24	47.25

不同样带的拟合二项式与直线方程 $y=100-x$ 的交点距离 Godron 平衡点的欧氏距离存在差异,最近的为样带 5,依次分别为 1、6、3、2、7、4(图 6.3)。

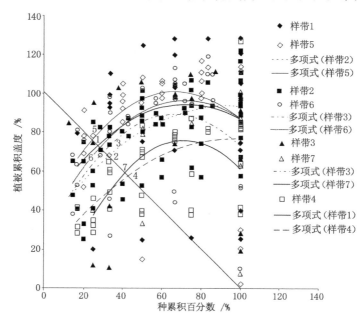

图 6.3　不同样带群落稳定性曲线

多元线性回归分析表明,样带尺度下群落的距离平衡点的欧氏距离与样带的平均土壤含水量、土壤有机碳含量、土壤总氮含量、土壤总磷含量、总钾含量、距离海岸的距离、地貌类型、距陆距离、样带长度呈负相关(表6.7),也即当以上因素越高,样带尺度下的植物群落的稳定性越高。而侵蚀频率、道路践踏发挥了消极效应,当两因素越高时,欧氏距离越大,群落的稳定性越低。此外,在样带尺度上,三个因素显著影响植物群落的稳定性,分别是距陆距离、样带长度、道路践踏。

表 6.7　样带群落的稳定性与环境因子的 Pearson 相关性

	water	SOC	TN	TP	TK	sea	topo	ero	path	inland	len
欧氏距离	−0.41	−0.23*	−0.53	−0.32	−0.28	−0.38	−0.48	0.47	0.95**	−0.76	−0.83*

三、讨论

群落稳定性一直是群落生态学长期关注的热点问题之一。群落恢复力的稳定性和群落抵抗力稳定性是表征生态系统或群落稳定性的两个重要指标[144],其中,恢复力稳定性是群落受到干扰后恢复到原来状态的能力,而抵抗力稳定性指的是群落抵抗外界干扰并使自身的结构和功能保持原状的能力,两者往往成相反的关系,抵抗力稳定性高的群落往往具有群落组成复杂、群落内不同功能组分较多,一旦遭到破坏则难以恢复,所以恢复力稳定性往往较低;而恢复力较高的群落在物种组成上相对比较简单,遭到破坏后恢复能力较强,但往往抵抗力较差[145-146]。目前关于群落稳定性的测定方法很多,Godron 稳定性测度方法以群落或者生态系统内各物种的相对频度与各物种数量之间的关系作为稳定性的判定依据,越接近平衡点的比值,群落越稳定,否则群落不稳定[147],是一种方便且接近实际的研究方法和技术手段。

沿海海岸的自然动态特性(特别是海岸侵蚀)使沿海生态系统具有干扰倾向的环境特征[148]。因此,海岸沙滩(丘)生态系统中,植被群落甚至沙滩(丘)系统是否存在稳定性一直是一个学术界颇具争议的话题。D. Ciccarelli 等[149]认为高的海浪侵蚀率,导致沙滩前沿的植物物种高度异构,处于一种不稳定的平衡状态,但其同时也发现,有些植物由于具有在海浪进积与蚀退的间歇生长,从而保持了相对稳定的生长状态。本研究发现,尽管在不同的尺度上,渤海海岸贝壳堤湿地群落的稳定性(距离平衡点的欧氏距离)差异不大,但各尺度上群落的稳定性变异系数差异较大:群落尺度＞样方尺度＞样带尺度,说明群落的稳定性具有明显的尺度依赖性,这与其他学者的研究结果类似。特别是群落尺度上的群落稳定性差异达显著水平,这说明不同植物群落的功能在贝壳堤湿地存在明显差异,同样也可以为我们在该地区的生态系统管理提供借鉴。

以往的研究认为,多样性会导致群落的稳定性[150],但当前的大量研究发现,群落稳定性与多样性并不一致,甚至呈现相反的趋势,群落的多样性并不能完全代表群落的稳定性[151-152]。本研究表明,渤海海岸贝壳堤湿地的群落稳定性与物种丰度的关系也似乎呈现相反的趋势(图 6.4)。同样,群落盖度的变化与稳定性之间也没有必然联系,但是通过对群落盖度及物种丰度的变异系数与群落稳定性欧氏距离进行回归分析发现,距离平衡点的欧氏距离的长度与变异系数具有显著正相关的关系,说明群落特征较少的变

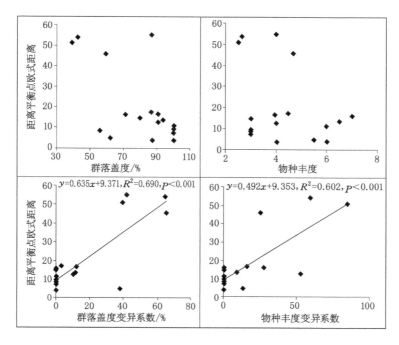

图 6.4　欧氏距离与群落特征的关系

异一般伴随较高的群落稳定性。此外,还有学者也发现了群落生产力的变异系数与群落稳定性的关联性,由此可见,群落的稳定性是一个群落结构和功能共同作用的综合表现。

明确不同尺度下的群落稳定性的影响因素,对于分析群落稳定性的维持机制和合理利用生态系统则具有重要的借鉴作用[144]。通过各尺度上的群落稳定性的研究发现,样方尺度上,土壤的有机碳含量、总氮含量、距海距离、侵蚀频率、道路践踏等微生境对群落稳定性的影响达到显著水平($P<$0.05)。群落尺度上,不同群落稳定性的驱动因子存在差异。样带尺度上,距陆距离、样带长度、道路践踏显著影响植物群落的稳定性。由此可见,在今后的植物保护和管理过程中,需要考虑不同尺度下植物群落的构建,同时兼顾影响群落稳定性的因素,这样才能制定合理有效的保护管理措施。

四、小结

(1)样方尺度上,渤海海岸贝壳堤湿地植物群落的稳定性变化较高。微生境特征对群落的稳定性影响较大,特别是土壤有机碳、土壤总氮含量、距海距离、侵蚀频率和道路践踏干扰均对群落的稳定性具有显著影响($P<$0.05)。

(2)群落尺度上,不同群落的稳定性差异显著($P<$0.01)。各群落稳定性的驱动因素存在差异。

(2)样带尺度上,贝壳堤湿地植物群落的稳定性变异系数相比样方尺度的变异系数下降了近50%,不同样带的稳定性群落稳定性存在差异,多元线性回归分析表明,样带尺度的植物群落稳定性与距陆距离、样带长度成显著正相关($P<$0.05),与道路践踏成极显著负相关($P<$0.01)。

第七章　渤海海岸贝壳堤湿地植被
保护优先次序及恢复策略

渤海海岸贝壳堤湿地是水陆交接地区一种重要的生态过渡带类型,在人类活动和自然条件的双重干扰下,该滨海湿地生态系统退化严重,生态功能下降,迫切需要进行系统的保护和恢复[72,111]。植被的恢复是生态系统功能恢复的重要方面,生物多样性是人类赖以生存和发展最为重要的物质基础[153]。保护生物多样性、保障生物资源的永续利用是一项全球性的任务,也是全球环境保护行动计划的重要组成部分[154-155]。在这一过程中,探讨当前该地区的植物保护优先次序,根据影响植物分布、群落稳定性的关键因素,制定有效的植被保护和恢复措施尤为重要。

一、渤海海岸贝壳堤湿地植物保护优先次序

(一)研究方法和数据处理方法

采用样带和样方相结合的方法,研究时间和方法同第四章。

参照金山等[153]对宁夏贺兰山自然保护区植物优先保护级别的研究方法和根据贝壳堤湿地的实际情况,我们对不同植物种群进行了统计和赋值。主要方法如下:

1. 濒临消失风险指数

(1)样带分布频度

通过统计所有物种在调查的9条样带上存在与否来对植物的样带分布频度进行赋值。借鉴金山等[153]和邹大林等[156]的赋值方法并稍做改动,赋值办法如下:如果在所有的样带中未出现,赋值25分;仅在1条样带分布,赋值20分;在2~3条样带出现,赋值15分;在4~6条样带出线,赋值10分;7~9条样带赋值5分(表7.1)。

表 7.1　植物样带分布频度和样地分布频度的赋值标准

评分	样带分布频度	样地分布频度	
		灌木植物	草本植物
25	未在样带样方中出现	未在样带样方中出现	未在样带样方中出现
20	仅在 1 条样带分布	仅在 1 个样方出现	仅在 1～5 个样方出现
15	在 2～3 条样带出现	在 2～10 个样方分布	6～50 个样方出现
10	在 4～6 条样带出现	在 11～20 个样方分布	51～100 个样方出现
5	7～9 条样带出现	在 21～30 个样方出现	101～150 个样方出现
0	—	30 个样方以上存在	150 个样方以上出现

（2）样地分布频度

由于灌木群落样方和草本植物样方的数目不同,我们定义其样地分布频度时以灌木样方的 5 倍作为赋值标准,如表 7.1 所列:

对于灌木而言,赋值方法如下:当在所有的样方中未出现,则赋值 25 分;仅在 1 个样方中出现,赋值 20 分;在 2～10 个样方中出现,赋值 15 分;在 11～20 个样方中出现,赋值 10 分;在 21～30 个样方中出现,则赋值 5 分;如果在 30 个样方以上出现,则赋值 0 分。

对于草本植物而言,当在所有的样方中未发现分布时,赋值 25 分;仅在 1～5 个样方中出现,赋值 20 分;在 6～50 个样方中出现,赋值 15 分;在 51～100 个样方中出现,赋值 10 分;在 101～150 个样方中出现,则赋值 5 分;如果在 150 以上个样方出现,则赋值 0 分。

（3）分布方式

分布方式按照估计的方法。依据金山等[153]分为 4 级:在整个贝壳堤湿地内分布具有极强的局限性,呈孤立分布,赋值 20 分;在分布区内呈零星散生状态分布,赋值 15 分;以小块状分布为主,赋值 10 分;在分布区内呈现大面积的成片分布为主,赋值 5 分。

（4）样方内分布密度

样方内分布密度赋值标准样地实际情况,由于贝壳堤湿地中的灌木植物主要呈孤立状的分布状况,其数量有限,因此,我们界定其分值时进行了缩减(表 7.2):当在所有的样方中未出现时我们赋值该植物的分值为 25 分;当灌木样方中存在 1 株植物时,赋值 20 分;当样方中存在 2～3 株灌木植物时,赋值 15 分;当样方中存在 4～7 株灌木时,赋值 10 分;当样方中存在 8 株以上灌木时,赋值 5 分。草本植物的赋值方法参照邹大林等[156]。

表 7.2　植物样方内分布密度的赋值标准

分值	灌木密度/(株/25 m²)	草本植物密度/(株/m²)
25	0	1
20	1	2
15	2～3	3～5
10	4～7	6～10
5	≥8	>10

（5）贝壳堤湿地植物多度赋值

根据贝壳堤内所有的样方内植物的总株数来衡量某种植物的多度并进行赋值。其方法如下:如果在调查的样方灌木植物中未发现该种植物,草本植物当总样方中出现的株数为 1～20 株时,则赋值 25 分;灌木和草本植物当总样方中出现的株数分别为 1～10 株和 21～100 株时,赋值 20 分;灌木和草本植物当总样方中出现的株数分别为 11～30 株和 101～500 株时,赋值 15 分;灌木和草本植物当总样方中出现的株数分别为 31～50 株和 501～1 000 株时,赋值 10 分;灌木和草本植物当总样方中出现的株数分别为 50 株以上和 1 000 株以上时,赋值 5 分(表 7.3)。

表 7.3　保护区内植物多度的赋值标准

分值	灌木植物	草本植物
25	0	1～20
20	1～10	21～100
15	11～30	101～500
10	31～50	501～1 000
5	>50	>1 000

（6）植物的确限度

当植物仅见于某一群落,赋值 25 分;见于 2 个群落,赋值 20 分;见于 3 个群落,赋值 15 分;见于 4～5 个群丛,赋值 10 分;见于 6 个及以上群落,赋值 5 分[156]。

综合以上 6 个指标，计算各植物的濒危系数，计算公式如下：

$$C_{濒} = \sum_{i=1}^{n} m_i / \sum_{i=1}^{n} M_i \tag{7.1}$$

式中，m_i 为各项评价指标的实际得分，M_i 为各项评价指标的最高得分，n 为评价因子，本章中 $i=1,2,\cdots,6$。

根据濒危系数的计算结果划分：

$C_{濒} \geqslant 0.8$ 为贝壳堤湿地的濒危物种；$0.7 \leqslant C_{濒} < 0.8$ 为贝壳堤湿地的易危种；$0.6 \leqslant C_{濒} < 0.7$ 为贝壳堤近危种；$C_{濒} < 0.6$ 为贝壳堤安全种。

2. 遗传损失指数 $C_{遗}$

物种的特有程度越高，其灭绝后的损失越大，但统计发现，该地区的特有性不显著。因此在统计时未进行此项的赋值与换算。仅从种型情况和古老残遗情况进行综合统计。

（1）种型情况

种型情况根据植物属、科含种的数量多少来表示。如果一个种在分类上越孤立，该物种所拥有的基因与其他仍存活植物的基因相同的可能性就越小，同样，当该种灭绝后所造成的无可挽回的基因损失的程度就越大。基于此，赋值方法如下：单型科种，赋值 25 分；少型科种（所在科包含物种 2～3 种），赋值 20 分；除此之外，单型属种（所在属仅含 1 种植物），赋值 15 分；少型属种（所含属含 2～3 种植物），赋值 10 分；多型属种（所在属含 4 种植物及以上），赋值 5 分。

（2）古老残遗性

根据植物种的发生地质年代评分，有些古老种是经过古近纪、新近纪和第四纪冰期的残遗植物，潜在遗传价值较高，对研究植物系统发育、植物遗传和植物地理均有重要意义。古近纪、新近纪以前孑遗物种，赋值 20 分；第四纪孑遗植物赋值 15 分；他植物，5 分。

3. 利用价值指数

（1）药用价值

被《中华人民共和国药典》（简称《中国药典》）收录的常用药用植物赋 20 分；被《新编中药志》收录的常用药用植物赋 15 分；一般民间药用植物赋 10

分;其他植物赋 0 分。

（2）生态价值

根据其在群落中的重要值来划分,群落的建群种赋值 20 分;共建种赋值 15 分;除共建种以外的优势种,赋 10 分;其他植物,赋 5 分。

（3）其他利用价值

除了药用价值以外的其他利用价值,包括观赏、绿化、用材、牧草、食用和工业原料等。具有以上两种价值的赋 20 分;只有一种价值的赋 15 分;有一定价值,赋 10 分;尚未发现其他利用价值的植物,赋 5 分。

参照金山等[153]计算各物种的利用价值指数 $C_价$。

4. 优先保护值的计算和优先保护分级

划分濒危系数、遗传价值指数、利用价值指数的权重分别为 60%、25% 和 15%。从而获得植物的优先保护价值($V_优$),计算公式如下[156]:

$$V_优 = 60\% \, C_濒 + 25\% \, C_遗 + 15\% \, C_价 \qquad (7.2)$$

根据 $V_优$ 值的大小,划分植物的优先保护次序和类别:

$V_优 \geqslant 0.70$,Ⅰ 类为优先关注种;$0.60 \leqslant V_优 < 0.70$,Ⅱ 类为次优先关注种;$0.50 \leqslant V_优 < 0.60$,Ⅲ 类为稍关注种;$V_优 < 0.50$,Ⅳ 类为一般关注种。

二、结果与分析

（一）濒危消失状况

经过样带和样地调查并统计发现,渤海海岸贝壳堤湿地高等植物的濒危种、易危种、近危种和安全种分别有 13 种、8 种、16 种和 19 种。样带频度、样方数和总株数的先后次序均为濒危种<易危种<近危种<安全种(表 7.4)。

表 7.4　渤海海岸贝壳堤湿地高等植物濒临消失指数统计表

风险等级	$C_濒$	种数	代表种
濒危	≥0.8	13	草麻黄、刺果甘草、罗布麻、野大豆、紫花苜蓿、荻、头状穗莎草、旋鳞莎草、沙打旺、米口袋、小蓟、大蓟、曼陀罗
易危	0.7~0.8	8	马蔺、蒲公英、苣荬菜、黄花草木樨、猪毛菜、灰绿藜、白茅、獐毛
近危	0.6~0.69	16	柽柳、杠柳、翅碱蓬、滨旋花、白羊草、鹅观草、假苇拂子茅、双稃草、大画眉草、中亚滨藜、地肤、虻牛儿苗、乌敛莓、阿尔泰紫菀、苍耳、茜草

表 7.4(续)

风险等级	$C_{濒}$	种数	代表种
安全	<0.6	19	酸枣、白刺、芦苇、蒙古蒿、鹅绒藤、狗尾草、野青茅、狗牙根、虎尾草、升马唐、砂引草、兴安天门冬、灰绿碱蓬、香附、翅碱蓬、蒙古鸦葱、青蒿、菟丝子、二色补血草

其中,濒危种占物种总数的 23.21%。该类植物在贝壳堤滩脊上分布的范围异常狭窄。例如草麻黄在样带和样方调查时未出现,在踏查时仅在向陆侧的酸枣灌下发现 1 丛。由于过度采摘,刺果甘草仅存不多,仅在 1 条样带 1 个样方出现 2 株植物。罗布麻仅在 2 条样带 2 个样方中出现 3 株。国家二级保护植物野大豆分布较少,仅在 5 个小样方中发现,每个样方中不超过 3 株。沙打旺多以单丛的形成存在,仅在贝壳堤滩脊顶部呈零星分布。

易危种的总数占调查和踏查总物种数的 14.29%,其分布范围也相对狭窄。其中,白茅出现的几率最小,仅在 1 条样带 4 个样方中有分布。獐毛出现的样带频度最高,共有 6 条样带出现、9 个样方中有分布。该类植物离散状分布明显,同时其株数较少,也需要给以关注。

近危种的植物相比前两类植物相对分布的范围广。平均样带分布频度有 62.5%,每种植物平均出现的样方数有 14 个,且在所有调查样方中存在的总数在 150 株以上。在该类植物中,大部分植物呈小块状分布。但灌木柽柳在贝壳堤湿地呈现小块状或孤立的分布现状,而杠柳多以小块状分布。

安全种在渤海海岸贝壳堤湿地分布广泛,样带分布频度平均为 77.78%,每个物种出现的样方数平均为 69 个,而每种植物的样方中株数平均为 120 株以上(图 7.1)。此类植物是贝壳堤湿地的常见种或优势种,在维护贝壳堤生态系统的生态功能上发挥了最重要的作用,其数量多,分布密度大、分布范围广、抗逆性强,同时其生态地位高,因此暂时不会是贝壳堤湿地高等植物消失的对象。

(二)贝壳堤湿地灌草植物遗传损失指数

通过统计贝壳堤湿地高等植物的残遗系数(表 7.5 和图 7.2),可以看出,Ⅰ类、Ⅱ类和Ⅲ类遗传损失的物种数分别有 3 种、12 种和 41 种,分别占总物种数的 5.36%、21.43%和 73.21%。

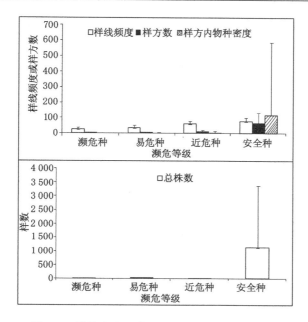

图 7.1　渤海海岸贝壳堤种子植物濒危等级状况

表 7.5　渤海海岸贝壳堤湿地高等植物遗传损失等级统计表

遗传损失等级	$C_遗$	种数	代表种
Ⅰ级	≥0.6	3	草麻黄、刺果甘草、野大豆
Ⅱ级	0.5～0.59	12	罗布麻、曼陀罗、马蔺、乌蔹莓、茜草、牻牛儿苗、柽柳、砂引草、兴安天门冬、二色补血草、酸枣、白刺
Ⅲ级	<0.5	41	旋鳞莎草、头状穗莎草、滨旋花、杠柳、鹅绒藤、菟丝子、香附、大蓟、荻、米口袋、小蓟、紫花苜蓿、沙打旺、苣荬菜、灰绿藜、黄花草木樨、獐毛、蒲公英、白茅、白羊草、中亚滨藜、双稃草、地肤、苍耳、假苇拂子茅、大穗结缕草、鹅观草、阿尔泰紫菀、大画眉草、芦苇、狗牙根、野青茅、蒙古鸦葱、虎尾草、升马唐、猪毛菜、翅碱蓬、蒙古蒿、青蒿、灰绿碱蓬

　　Ⅰ类中,3种植物的遗传损失系数较高,均属于单型科种,如果此类植物在贝壳堤湿地消失,则意味着该科植物的灭绝。草麻黄是第四纪孑遗植物。刺果甘草和野大豆又是《中国植物红皮书》和国务院批准的《国家重点保护野生植物名录》包含的植物。综上,可以归结为单型科种——孑遗或保护

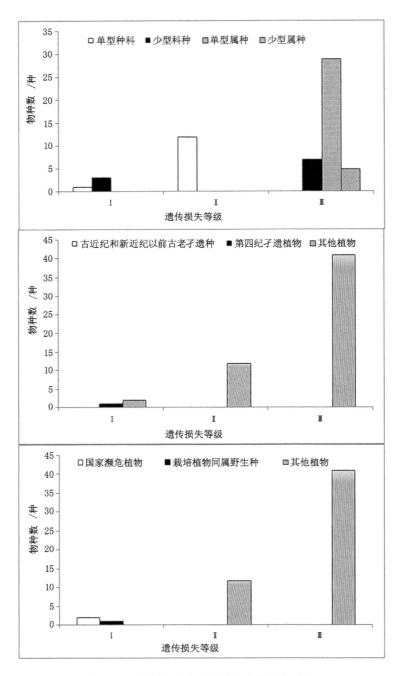

图 7.2　渤海海岸贝壳堤植物遗传损失等级

物种。

Ⅱ类植物也均是单型种科。既无《中国植物红皮书》和《国家重点保护野生植物名录》收录,也不存在栽培植物的同属野生种,但是该植物存在与否关乎该地区的生物多样性。可以归结为单型科种——无子遗保护物种。

Ⅲ类遗传损失风险的植物中,在种质资源和遗传育种价值、古老残遗性等方面均不突出,部分植物具有种型的优势,没有单型种科,少型种科、单型属种和少型属种植物分别有 7 种、29 种和 5 种。可以归结为多型科属种——无子遗保护物种。

（三）利用价值状况

贝壳堤湿地植物的利用价值划分表明,Ⅰ类、Ⅱ类和Ⅲ类利用价值的物种数分别有 10 种、22 种和 24 种,分别占总物种数的 17.86%、39.29% 和 42.86%(表 7.6 和图 7.3)。

表 7.6　黄渤海海岸贝壳堤湿地高等植物利用价值等级统计表

利用价值等级	$C_{价}$	种数	代表种
Ⅰ级	≥0.6	10	酸枣、芦苇、罗布麻、柽柳、曼陀罗、苣荬菜、蒲公英、白茅、地肤、菟丝子
Ⅱ级	0.5~0.59	22	白羊草、乌蔹莓、茜草、杠柳、辘牛儿苗、阿尔泰紫菀、大画眉草、蒙古蒿、鹅绒藤、砂引草、青蒿、白刺、草麻黄、刺果甘草、大蓟、小蓟、黄花草木樨、滨旋花、双稃草、苍耳、二色补血草、香附
Ⅲ级	<0.5	24	荻、野大豆、獐毛、马蔺、中亚滨藜、鹅观草、翅碱蓬、蒙古鸦葱、兴安天门冬、米口袋、紫花苜蓿、沙打旺、猪毛菜、假苇拂子茅、大穗结缕草、狗牙根、狗尾草、野青茅、虎尾草、灰绿碱蓬、升马唐、旋鳞莎草、头状穗莎草、灰绿藜、

Ⅰ类利用价值的物种包含 8 种的《中国药典》收录的植物,如酸枣、罗布麻、蒲公英、地肤、白茅等植物,酸枣、芦苇、柽柳是建群种,具有重要的生态价值。有 2 种植物具有 2 项以上除药用价值和生态价值之外的重要工业原料、牧草和用材等价值,有 7 种植物具有 1 项除药用价值和生态价值之外的利用价值。

Ⅱ类利用价值的物种具有如下特点:各有 8 种植物被《中国药典》收录

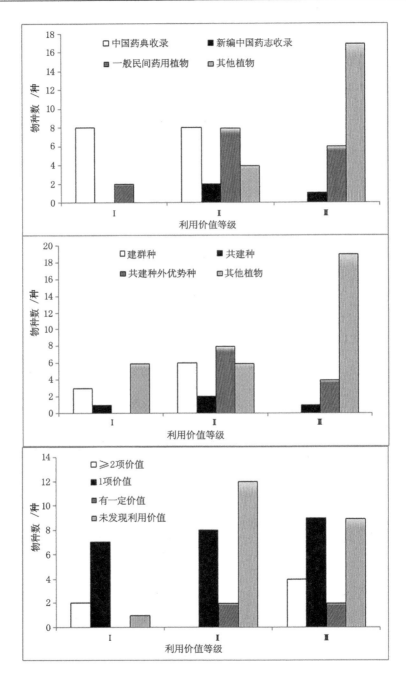

图 7.3　渤海海岸贝壳堤植物利用价值

和位于一般民间药用植物之列,占本类利用价值植物总种数的 36.36%,共计 72.73%。群落当中的建群种、共建种、共建种以外的优势种、其他植物种分别有 6 种、2 种、8 种和 6 种,占本类植物总种数的 27.27%、9.09%、36.36% 和 27.27%。其他利用价值较少、未发现有其他利用价值的植物有 12 种。

Ⅲ类利用价值的物种特征如下:仅有 1 种植物被《新编中药志》收录,有 6 种为一般民间药用植物。未在群落中发挥关键作用的植物有 19 种,占本类植物总数的 79.17%。其他利用价值中,≥2 项其他价值的有 4 种植物,1 项利用价值的有 9 种植物,未发现他其利用价值的植物有 9 种。

(四)渤海海岸贝壳堤湿地高等植物保护优先次序

从表 7.7 中可以得知,贝壳堤湿地的Ⅰ级保护种包含了 5 种植物,占总物种数 8.93%,这 5 种植物在贝壳堤中分布均较少,利用价值高。草麻黄、刺果甘草、罗布麻、曼陀罗不仅是贝壳堤湿地的濒危植物,也被《中国药典》收录为常用药用植物。除此之外,草麻黄还是第三纪子遗植物。野大豆除是良好的民间药材外,还是重要栽培植物的同属野生种,具有较高的食用价值,具有高价值—高遗传—少分布的特征。

表 7.7　黄河三角洲贝壳堤湿地植物优先保护级别统计表

保护级别	$V_优$	种数	代表种
Ⅰ级保护种	≥0.7	5	草麻黄,刺果甘草,罗布麻,野大豆,曼陀罗
Ⅱ级保护种	0.6～0.69	20	大蓟,荻,苣荬菜,旋鳞莎草,小蓟,米口袋,蒲公英,白茅,头状穗莎草,黄花草木樨,马蔺,紫花苜蓿,沙打旺,乌蔹莓,茜草,柽柳,瑰牛儿苗,獐毛,杠柳,滨旋花
Ⅲ级保护种	0.5～0.59	17	白羊草,灰绿藜,地肤,酸枣,中亚滨藜,猪毛菜,阿尔泰紫菀,苍耳,大画眉草,香附,菟丝子,鹅观草,二色补血草,假苇拂子茅,大穗结缕草,兴安天门冬,翅碱蓬
Ⅳ一般关注种	<0.5	13	升马唐,虎尾草,白刺,灰绿碱蓬,蒙古鸦葱,青蒿,野青茅,砂引草,狗尾草,狗牙根,芦苇,鹅绒藤,蒙古蒿

Ⅱ级保护种包含的物种最多,共有 20 种植物,占总物种数的 35.71%。该类植物濒危程度较大,残遗状况不突出,相对利用价值较大。例如:大蓟,

苣荬菜,小蓟,米口袋,蒲公英等均是被收录在《中华人民共和国药典》中的常用药用植物,乌敛莓、柽柳、滨旋花等植物成小块状分布往往成为群落的优势种,因此生态价值较高,是中价值—中遗传—高分布物种。

Ⅲ级和Ⅳ级保护种是贝壳堤当前相对安全的物种,分别有17种和13种,该类植物分布的面积广,濒危程度不大,以民间药用植物或未见记载为主,可以归结为少价值—少遗传—高分布物种。

三、渤海海岸贝壳堤湿地植被恢复策略

(一)不同保护优先序植物采取不同的植被恢复策略

Ⅰ级保护植物在渤海海岸贝壳堤湿地分布极少、种源珍贵、利用价值高。在恢复过程中,该类植物要采取就地保护和迁地保护相结合的方式。在就地保护过程中,要严格围封,严禁人类采挖和干扰,并辅以改善其生存环境(如地力提升)和人工繁育等手段,促使种群更新和恢复生长。

Ⅱ级保护植物往往局限于一些生境中聚丛分布,分布孤立、生态幅狭窄,人类和自然的干扰易导致此类植物种群的灭绝,因此,在今后的植物保护和恢复工作中,应该加强该类植物的保护,杜绝干扰,其次,也应通过人工栽植培育的方式和沙滩分布格局的相应配置辅助其种群维持。

Ⅲ级和Ⅳ级保护的植物在贝壳堤分布面积较广,其自我更新能力强,因此,可以作为该地区植被恢复过程中的物种选育对象加以考虑,在恢复过程中,要适当围封和节制利用。

(二)分区恢复

根据第五章,贝壳堤湿地存在典型的四类生境条件分布着不同的植物和植被类型。其中,高潮线附近具有低氮、贫氧、侵蚀干扰较多的特征,柽柳是优势树种,在消风滞浪、促淤护岸方面发挥了重要的生态作用,可以作为渤海海岸贝壳堤湿地最前沿防护林或冲浪林带建设优先选用的物种进行繁育和栽培,同时草本植物大穗结缕草、芦苇等也适应了侵蚀频繁的生境条件,是高潮线附近的优势植物和植被类型,在恢复过程中可以协同柽柳进行群落的配置,以更好地发挥沙滩前缘的生态防护功能。沙滩前丘土壤最为干旱、养分瘠薄,砂引草、滨旋花以及杠柳群落是土著植物群落,可以通过改善地力以及栽植适宜物种(杠柳、砂引草、黄花草木樨等)等措施促使植被恢

复。在侵蚀少、土壤碳氮含量高的贝壳堤沙滩丘顶及丘后舒缓地区,酸枣、蒙古蒿以及乌蔹莓等群落分布范围最广,不仅体现了海岸生境的渐趋稳定,同样也表现出它们对土壤理化性质的改良,存在的物种也很多,结合施肥或播种豆科植物等手段,便可以促进物种多样性的维持和孕育。而在土壤含水量较高的丘后低地,是盐地碱蓬、荻、白刺、野青茅等植物的重要生存生境,在今后的保护和恢复过程中,要考虑地貌对植物生长的重要性,特别是创设低洼的地貌特征、退湖还田等对于该大类植物的孕育将具有重要的促进作用。

（三）其他恢复措施

根据第五章和第六章的研究结果,以下措施在今后的植被保护和恢复过程中要深入研究和探讨。

1. 生境重建

沙滩（丘）的长度对样方内物种的丰度、群落的稳定性影响显著,较长的贝壳堤湿地海陆长度可以为沙丘上物种的孕育以及植被群落的稳定性起正向作用,并发挥较好的障蔽功能,因此,在今后的沙丘植被保护工作中,应该减少围海造田的工作步伐,退田还海,给植被生长创设充足的生存空间。必要的话,为保证植物生长基质的充足补给,可以借鉴国外的一些研究,进行围海填沙[91]。

2. 微地形创设

在海岸贝壳堤地区,地貌起伏造成了很多小生境的差异,在本书中便表明了地貌特征的复杂性对物种丰度以及对植物分布的重要作用。在国外,很多沙丘海岸生态系统中,也有将地形地貌作为植被恢复工作的重要考虑方面并取得了成功[27,157],因此恢复多样化的地形地貌特征也是生态恢复工作的重要一环。

3. 原生境保护

海岸生境是沙丘植物生长的初始环境,植物适应了这种极端的环境,因此对于维持海岸的稳定性和生态系统功能发挥具有弥足珍贵的价值。在欧洲,海岸线生境保护已经列入了欧盟发展规划。人类活动诸如旅游践踏、沙滩开采、机动车辆使用等导致沙滩环境急速变化,严重影响了植被的生长和存活[18,67],在贝壳堤面积萎缩严重、面临消失的情形下,贝壳堤生境的保护更应该引起我们的充分重视。本书研究表明,植被的分布以及群落的稳定性与人类践踏(道路的存在)关系显著。因此有必要采取相应的措施如围封和架设天桥等,减少人类活动的影响,以维持植物生长环境的稳定。

4. 人工地力提升

贝壳堤沙滩湿地中土壤养分瘠薄,不能满足很多物种的生长需要,第五章的研究表明,在较高土壤养分含量的地区,孕育了更多珍贵的物种。因此,在今后的植被保护和恢复过程中,可以摸索适宜的施肥方法和方式,从而保证贝壳堤湿地植物的快速恢复。

四、小结

本章对渤海海岸贝壳堤湿地高等植物优先保护次序进行了评价,并根据影响物种分布、群落稳定性的关键因素,提出了渤海海岸贝壳堤湿地植物的保护和恢复策略,结果如下:

(1)渤海海岸贝壳堤湿地植物的有Ⅰ级保护种植物 5 种,为高价值—高遗传—少分布的物种,该类植物除了要采取封育、改善生存环境、人工繁育促使更新等就地保护措施外,也应做好物种的迁地保护和基因库的及时建立,以防止其在该地区的灭绝。Ⅱ级保护种植物有 20 种,为中价值—中遗传—高分布物种,要严格封育,杜绝人类干扰破坏,辅以人工培育和建植促使种群复壮和扩大分布范围等措施;Ⅲ级和Ⅳ级保护种植物共计 30 种,是进行生物多样性恢复物种选育的重要物种库,在该地区要适当围封和节制利用。

(2)根据贝壳堤湿地的典型生境进行分区恢复。在贝壳堤的高潮线附近,可以将柽柳列为渤海海岸贝壳堤湿地最前沿防护林或冲浪林带建设优先选用的物种进行繁育和栽培,同时与草本植物大穗结缕草、芦苇等进行群落的配置,以更好地发挥沙滩前缘的生态防护功能。沙滩前丘,可以通过改善地力以及栽植适宜物种(杠柳、砂引草、黄花草木樨等)等措施促使植被恢复。贝壳堤沙滩丘顶及丘后舒缓地区,栽植灌木酸枣并结合施肥、播种豆科植物等手段,改善地力条件,促进物种多样性的孕育。丘后低地要考虑地貌对植物生长的重要性,特别是创设低洼的地貌特征、退田还海等对于喜湿植物的孕育将具有促进作用。

（3）沙滩长度、地貌复杂性、土壤特性、人类活动、海浪侵蚀干扰等均会对植物分布、植被群落稳定性产生影响，因此，本书提出今后还需要注重原生境保护、生境重建、微生境创设、人工地力提升等恢复手段和方法的探讨和跟踪研究。

第八章 结论与展望

一、研究结论

利用野外踏查、实地调查的方法,研究了渤海海岸贝壳堤湿地的高等植物的物种组成和区系特征;采用相关性分析、主坐标分析和聚类分析的方法,分析了贝壳堤湿地植物与周边湿地的相似性;结合我国植物群落的命名办法和 TWINSPAN 的分类手段,明确了渤海海岸贝壳堤湿地的植物群落类型,分析了不同群落的结构特征;采用 Bray-Curtis 层次聚类、CCA 排序和方差分解的方法,分析了贝壳堤湿地植被的空间分布格局及其影响因素;运用 Godron 稳定性的测定办法和 Pearson 相关性分析,分析了样方、群落和样带尺度上植物群落的稳定性,探究了不同尺度上群落稳定性的驱动因子;通过植物的濒临消失风险指数、遗传损失指数、利用价值指数,对贝壳堤湿地植物的保护优先次序进行了评价;结合物种、群落分布的影响因素、群落稳定性的驱动因子、植物的保护优先次序,提出了切实可行的植被恢复策略。得到了如下研究结果:

(1)渤海海岸贝壳堤湿地共出现植物 56 种,被子植物和双子叶植物居多。禾本科、菊科、豆科和藜科是渤海海岸贝壳堤湿地的大科,单种科和≤4种的小属是该地区的主要特征,禾本科、菊科、萝摩科、紫草科在调查中出现的频率较高且主要生活型为多年生草本植物。植物科以世界分布科为主,表明了科级水平的隐域性特征。温带成分属超过热带成分的两倍,与该地区属于暖温带的气候条件相一致。植物属的地理区系多样性表明,渤海海岸贝壳堤湿地的 Shannon-Weiner 多样性指数介于秦皇岛滨海湿地和莱州湾海岸湿地之间,Simpson 指数与其他地区差异不大。聚类分析和主坐标分析发现,渤海海岸贝壳堤湿地与天津滨海湿地、莱州湾湿地类似。

(2)渤海海岸贝壳堤湿地群落类型多样,共存在 2 个植被型,18 个群系和 36 个群丛。植被型包括灌丛和草甸。而灌丛可以细分为白刺灌丛、酸枣灌丛、柽柳灌丛等 3 个群系类型。草甸可以分为 15 个群系类型,包括兴安天门冬群系、白羊草群系、野青茅群系、乌蔹莓群系、蒙古蒿群系、芦苇群系、阿尔泰紫菀群系、鹅绒藤群系、虎尾草群系、砂引草群系、菟丝子＋茜草群系、二色补血草群系、大穗结缕草群系、黄花草木樨群系、杂草群系。灌丛群落中,柽柳群落的物种数、群落盖度、多样性指数最低($P<0.05$)。酸枣和白刺群落盖度、总物种数、物种多样性指数和均匀度指数差异不大,但酸枣群落在调查时出现的频率最高,是灌丛中的优势灌木群落。对于草甸群落而言,蒙古蒿群落出现的频率较高,是该地区的优势群落,同时,蒙古蒿群落出现的物种数最多,群落盖度位居草本群落的第二。芦苇和砂引草群落的物种多样性指数、群落盖度以及物种数尽管不是很高,但其出现的频率较高,也是贝壳堤湿地常见的草本植物群落类型。渤海海岸贝壳堤湿地大部分群落之间的 Jacard 相似性指数在 0～0.25 之间,属于极不相似水平,体现了恶劣的海岸生态环境以及海岸植物的隐域性特征。

（3）沿着由海向内陆方向,渤海海岸贝壳堤湿地的植被盖度和物种丰度表现出"脊"形分布特征。随着距海距离增加,β 多样性呈现出有规律的波动趋势,并且其波动规律与沙滩长度符合二项式方程。植被类型呈现出相对典型的带状分布格局。从高潮线至 20 m 的范围内,存在柽柳群落、芦苇群落和砂引草群落 3 种植被类型。距海距离在 20～40 m 范围,二色补血草、芦苇、砂引草、杠柳、大穗结缕草、菟丝子、蒙古蒿群落分布。距海距离 40～100 m 范围,出现的植物群落包括芦苇、砂引草、白羊草、阿尔泰紫菀、酸枣、蒙古蒿、黄花草木樨、青蒿、乌蔹莓、盐地碱蓬、野青茅群落。距海距离大于100 m,出现的植物群落包括野青茅、鹅绒藤、荻、大穗结缕草、芦苇等植物群落。不同样带分布的植物物种、群落类型及数量存在差异。根据 CCA 排序,土壤因子(土壤含水量、土壤总钾含量、土壤有机碳含量、土壤总氮含量)、沙丘地貌特征(沙滩样带长度、地貌特征)、侵蚀频率、距海和距陆距离等 9 个因子与前两个排序轴关系显著($P<0.05$),排序轴 1 表征了由海到陆的环境梯度变化,轴 2 代表了土壤含水量高低以及沙滩的长短。贝壳堤湿地共计出现 4 种典型生境,孕育了不同的植物及植被类型,可以为今后的植物保护和植被恢复工作提供借鉴。其中,第一类生境代表的是距海较近、侵

蚀较频繁的高潮线附近地区,柽柳、蒙古鸦葱、獐毛、滨旋花、芦苇、二色补血草、大穗结缕草是该地区的土著植物。第二类为干旱、土壤养分瘠薄的沙滩前丘地区,分布的植物有滨旋花、猪毛菜、狗尾草、砂引草、黄花草木樨、杠柳、苍耳、菟丝子、茜草等。第三类生境具有距海相对较远、土壤侵蚀少、土壤有机碳含量和总氮含量高的特征,一般为贝壳堤沙滩顶部以及丘后舒缓带地区,酸枣、沙打旺、青蒿、蒙古蒿、乌蔹莓、野大豆、紫花苜蓿、白羊草、阿尔泰紫菀、灰绿藜、鹅绒藤等广泛分布。第四类生境是向陆侧人工或天然湿地及低地,具有沙滩海陆间距足够长和土壤湿度较大的特征,该地区出现的植物有盐地碱蓬、兴安天门冬、荻、野青茅、白刺、地肤等。此外,方差分解还表明,土壤因子在控制植物分布和植被类型起主要作用,但沙滩(丘)特征(沙滩长度、地貌特征、侵蚀频率、距陆距离)也不容忽视,它协同土壤因子对植物的分布起到了重要作用。

(4)样方尺度上,微生境特征特别是土壤有机碳、土壤总氮含量、距海距离、侵蚀频率和道路践踏干扰均对群落的稳定性具有显著影响($P<0.05$)。群落尺度上,不同群落的稳定性差异显著($P<0.05$),且各群落稳定性的影响因子迥异。样带尺度上,植物群落稳定性与距陆距离、样带长度成显著正相关($P<0.05$),与道路践踏成极显著负相关($P<0.01$)。

(5)渤海海岸贝壳堤湿地各类植物的保护优先次序不同。Ⅰ级保护植物共计有 5 种,为高价值—高遗传—少分布的物种。Ⅱ级保护植物有 20 种,为中价值—中遗传—高分布物种;Ⅲ级和Ⅳ级保护种为少价值—少遗传—高分布的物种。

结合植物的保护优先次序、影响植物分布以及群落稳定性的因素,形成了如下植被恢复策略:

Ⅰ级保护植物在渤海海岸贝壳堤湿地分布极少、种源珍贵、利用价值高。在恢复过程中,该类植物要采取就地保护和迁地保护相结合的方式。在就地保护过程中,要严格围封,严禁人类采挖和干扰,并辅以改善其生存环境(如地力提升)和人工繁育等手段,促使种群更新和恢复生长。Ⅱ级保护植物往往局限于一些生境中聚丛分布,分布孤立、生态幅狭窄,人类活动和自然条件的干扰易导致此类植物种群的灭绝,因此,在今后的植物保护和恢复工作中,应该加强该类植物的保护,杜绝干扰;其次,也可通过人工栽植培育的方式和沙滩分布格局的相应配置辅助其种群维持。Ⅲ级和Ⅳ级保护的植物在贝壳堤分布面积较广,其自我更新能力强,因此,可以作为该地区植被恢复过程中物种选育对象加以考虑,在恢复过程中,要适当围封和节制利用。

根据贝壳堤湿地的典型生境进行分区恢复。在高潮线附近,可以将柽柳列为渤海海岸贝壳堤湿地最前沿防护林或冲浪林带建设优先选用的物种进行繁育和栽培,同时与草本植物大穗结缕草、芦苇等进行群落的配置,以更好地发挥沙滩前缘的生态防护功能。沙滩前丘可以通过改善地力以及栽植适宜物种(杠柳、砂引草、黄花草木樨)等措施促使植被恢复。贝壳堤沙滩丘顶及丘后舒缓地区,结合施肥、播种豆科植物、培育栽植酸枣等手段,改善小生境条件,促进物种多样性的孕育。丘后低地,要考虑地貌对植物生长的重要性,特别是创设低洼的地貌特征、退田还海等对于喜湿植物的生长将具有促进作用。

此外,沙滩海陆间长度、地貌复杂性、土壤特性、人类活动、海浪侵蚀干扰等均会对植物分布、植被群落稳定性产生影响,因此,本书提出今后还需要注重原生境保护、生境重建、微生境创设、人工地力提升等恢复手段和方法的探讨和跟踪研究。

二、展望

本书针对渤海海岸贝壳堤湿地的高等植物区系特征和植被类型进行了深入研究,分析了植被的空间分布格局和群落稳定性特征,探讨了影响植物、植被类型以及群落稳定性的环境因子,并对物种的保护优先次序进行了评价,提出了相应的植被恢复措施和策略。该研究推动了我国海岸沙滩(丘)生态系统植被的研究进展,提高了人们对海岸沙滩生态系统的认识,在滨海沙滩湿地的物种库探讨、沙滩系统物种、群落以及稳定性影响因素的确定、植物保护优先次序评价等方面具有创新性,对于退化滨海沙滩(丘)湿地生态系统的植被恢复工作能够提供理论依据和数据支持。但是,退化湿地的恢复工作是一项复杂且艰巨的工程,很多生态机理及其成效需要长时间的摸索和验证。在贝壳堤湿地生态系统,贝沙基质能够对盐分产生障蔽和筛滤作用,贝沙中含盐量不高,但是由于地势起伏变化,地下水位对于一些深根系的物种分布可能起到了重要作用,本书在考虑海陆梯度下的环境因子时,由于技术手段和时间有限,未对地下水位进行相关研究,在今后的研究中应该进一步深入。同时,贝壳堤湿地生态系统的很多科学问题尚未揭开,例如一些理论问题:贝壳堤湿地植被的共生机制和群落装配、贝壳堤廊道(海陆间距,本书简称沙滩长度)的设置、贝壳堤的稳定性等尚待研究。

附录　渤海海岸贝壳堤主要高等植物名录

一、裸子植物门（GYMNOSPERMAE）	（13）鹅观草属（Roegneria）
1、麻黄科（EPHEDRACEAE）	13）鹅观草［Roegneria kamoji］
（1）麻黄属（Ephedra）	（14）拂子茅属（Calamagrostis）
1）草麻黄（Ephedra sinica）	14）假苇拂子茅［Calamagrostis pseudophragmites］
二、被子植物门（ANGYOSPERMAE）	（15）双稃草属（Diplachne）
（一）单子叶植物纲（MONOCOTYLEDONEAE）	15）双稃草［Diplachne fusca］
2、禾本科（GRAMINEAE）	（16）画眉草属（Eragrostis）
（2）芦苇属（Phragmites）	16）大画眉草［Eragrostis cilianensis］
2）芦苇［Phragmites australis］	3、百合科（LILIACEAE）
（3）獐毛属（Aeluropus）	（17）兴安天门冬属（Asparagus）
3）獐毛［Aeluropus sinensis］	17）兴安天门冬［Asparagus dauricus］
（4）结缕草属（Zoysia）	4、莎草科 Cyperaceae
4）大穗结缕草［Zoysia macrostachya］	（18）莎草属（Cyperus）
（5）荻属（Triarrhena）	18）头状穗莎草［Cyperus glomerotus］
5）荻［Triarrhena sacchariflora］	19）旋鳞莎草［Cyperus michelianus］
（6）孔颖草属（Bothriochloa）	20）香附［Cyperus rotundus］
6）白羊草［Bothriochloa ischaemum］	（二）双子叶植物纲（DICOTYLEDONEAE）
（7）狗尾草属（Setaria）	5、藜科（CHENOPODIACEAE）
7）狗尾草［Setaria viridis］	（19）藜属（Chenopodium）
（8）野青茅属（Deyeuxia）	21）灰绿藜［Chenopodium glaucum］
8）野青茅［Deyeuxia arundinacea］	（20）滨藜属（Atriplex）
（9）狗牙根属（Cynodon）	22）中亚滨藜［Atriplex centralasiatica］
9）狗牙根［Cynodon dactylon］	（21）地肤属（Kochia）
（10）白茅属（Imperata）	23）地肤［Kochia scoparia］
10）白茅［Imperata cylindrica］	（22）碱蓬属（Suaeda ）
（11）虎尾草属（Chloris）	24）灰绿碱蓬［Suaeda glauca］
11）虎尾草［Chloris virgata］	25）盐地碱蓬［Suaeda salsa］
（12）马唐属（Digitaria）	（23）猪毛菜属（Salsola）
12）升马唐［Digitaria ciliaris］	26）猪毛菜［Salsola collina］

6、旋花科(CONVOLVULACEAE)	38) 柽柳[Tamarix chinensis]
(24) 打碗花属(Calystegia)	12、白花丹科(PLUMBAGINACEAE)
27) 滨旋花[Calystegia soldanella]	(36) 补血草属(Limonium)
(25) 菟丝子属(Cuscuta)	39) 二色补血草[Limonium bicolor]
28) 菟丝子[Cuscuta chinensis]	13、萝摩科(ASCLEPIADACEAE)
7、鼠李科(RHAMNACEAE)	(37) 鹅绒藤属(Metaplexis)
(26) 枣属(Ziziphus)	40) 鹅绒藤[Metaplexis japonica]
29) 酸枣[Ziziphus jujuba]	(38) 杠柳属(Periploca)
8、葡萄科(VITACEAE)	41) 杠柳[Periploca sepium]
(27) 乌蔹莓属(Cayratia)	14、紫草科(BORAGINACEAE)
30) 乌蔹莓[Cayratia japonica]	(39) 砂引草属(Messerschmidia)
9、豆科(LEGUMINOSAE)	42) 砂引草[Messerschmidia sibirica]
(28) 草木樨属(Melilotus)	15、菊科(COMPOSITAE)
31) 黄花草木樨[Melilotus officinali]	(40) 蒿属(Artemisia)
(29) 黄芪属(Astragalus)	43) 蒙古蒿[Artemisia mongolica]
32) 沙打旺[Astragalus adsurgens]	44) 青蒿[Artemisia carvifolia]
(30) 大豆属(Glycine)	(41) 紫菀属(Aster)
33) 野大豆[Glycine soja]	45) 阿尔泰紫菀[Aster tataricus]
(31) 苜蓿属(Medicago)	(42) 鸦葱属(Scorzonera)
34) 紫花苜蓿[Medicago sativa]	46) 蒙古鸦葱[Scorzonera mongolica]
(32) 米口袋属(Gueldenstaedtia)	(43) 苍耳属(Xanthium)
35) 米口袋[Gueldenstedtia multiflora]	47) 苍耳[Xanthium sibiricum]
(33) 甘草属(Glycyrrhiza)	(44) 蒲公英属(Taxaxaxum)
36) 刺果甘草[Glycyrrhiza pallidiflora]	48) 蒲公英[Taxaxacum monglicum]
10、牻牛儿苗科(GERANIACEAE)	(45) 苦苣菜属(Sonchus)
(34) 牻牛儿苗属(Erodium)	49) 苣荬菜[Sonchus arvensis]
37) 牻牛儿苗[Erodium stephanianum]	(46) 刺儿菜属(Cephalanoplos)
11、柽柳科(TAMARICACEAE)	50) 小蓟[Cephalanoplos segetum]
(35) 柽柳属(Tamarix)	(47) 蓟属(Cirsium)

51）大蓟［Cirsium japonicum］	（50）鸢尾属（Iris）
16、茜草科（RUBIACEAE）	54）马蔺［Iris lactea］
（48）茜草属（Rubia）	19、茄科（SOLANACEAE）
52）茜草［Rubia cordifolia］	（51）曼陀罗属（Datura）
17、蒺藜科（ZYGOPHYLLACEAE）	55）曼陀罗［Datura stramonium］
（49）白刺属［Nitraria］	20、夹竹桃科
53）白刺［Nitraria schoberi］	（52）罗布麻属（Apocynum）
18、鸢尾科（IRIDACEAE）	56）罗布麻［Apocynum venetum］

参 考 文 献

[1] EL-NAHRY A H,DOLUSCHITZ R. Climate change and its impacts on the coastal zone of the Nile Delta, Egypt[J]. Environmental Earth Sciences,2010,59(7):1497-1506.

[2] NICHOLLS R J, CAZENAVE A. Sea-level rise and its impact on coastal zones[J]. Science,2010,328(5985):1517-1520.

[3] IPCC. Climate change 2007:the physical sciencebasis[M]. New York:Cambridge University Press,2007.

[4] PFEFFER W T, HARPER J T, O' NEEL S. Kinematic constraints on glacier contributions to 21st-century sea-level rise[J]. Science (New York,N Y),2008,321(5894):1340-1343.

[5] PARRY M L, CANZIANI O F, PALUTIKOF J P, et al. Intergovernmental panel on climate ChangeContribution of working group I to the fourth assessment report of the intergovernmental panel on climate change. Cambridge university press:Cambridge and New York,USA[EB/OL]. 2007

[6] GEDAN K B, KIRWAN M L, WOLANSKI E, et al. The present and future role of coastal wetland vegetation in protecting shorelines:answering recent challenges to the paradigm[J]. Climatic Change,2011,106(1):7-29.

[7] ZUO P,LI Y,LIU C G,et al. Coastal wetlands of China:changes from the 1970s to 2007 based on a new wetland classification system[J]. Estuaries and Coasts,2013,36(2):390-400.

[8] FONTÁN BOUZAS A, ALCÁNTARA-CARRIÓ J, MONTOYA MONTES I,et al. Distribution and thickness of sedimentary facies in the coastal dune, beach and nearshore sedimentary system at

Maspalomas,Canary Islands[J]. Geo-Marine Letters,2013,33(2/3):
117-127.

[9] MOLLEMA P N,ANTONELLINI M,GABBIANELLI G,et al. Water budget management of a coastal pine forest in a Mediterranean catchment (Marina Romea, Ravenna, Italy)[J]. Environmental Earth Sciences,2013,68(6):1707-1721.

[10] NZUNDA E F,GRIFFITHS M E,LAWES M J. Resource allocation and storage relative to resprouting ability in wind disturbed coastal forest trees[J]. Evolutionary Ecology,2014,28(4):735-749.

[11] BERMÚDEZ R,RETUERTO R. Together but different: co-occurring dune plant species differ in their water- and nitrogen-use strategies [J]. Oecologia,2014,174(3):651-663.

[12] TANAKA N,JINADASA K B S N,MOWJOOD M I M,et al. Coastal vegetation planting projects for tsunami disaster mitigation: effectiveness evaluation of new establishments[J]. Landscape and Ecological Engineering,2011,7(1):127-135.

[13] CARRETERO S C,KRUSE E E. Relationship between precipitation and water-table fluctuation in a coastal dune aquifer: northeastern Coast of the Buenos Aires Province, Argentina[J]. Hydrogeology Journal,2012,20(8):1613-1621.

[14] DOBBEN H F V,SLIM P A. Past and future plant diversity of a coastal wetland driven by soil subsidence and climate change[J]. Climatic Change,2012,110(3/4):597-618.

[15] FENU G,CARBONI M,ACOSTA A T R,et al. Environmental factors influencing coastal vegetation pattern: new insights from the Mediterranean basin[J]. Folia Geobotanica,2013,48(4):493-508.

[16] JOHNSON J S,CAIRNS D M,HOUSER C. Coastal marsh vegetation assemblages of Galveston bay:insights for the east texas Chenier plain [J]. Wetlands,2013,33(5):861-870.

[17] JOHNSEN I, CHRISTENSEN S N, RIIS-NIELSEN T. Nitrogen

limitation in the coastal heath at Anholt, Denmark [J]. Journal of Coastal Conservation,2014,18(4):369-382.

[18] CICCARELLI D. Mediterranean coastal sand dune vegetation: influence of natural and anthropogenic factors [J]. Environmental Management,2014,54(2):194-204.

[19] KEIJSERS J G S,GIARDINO A,POORTINGA A,et al. Adaptation strategies to maintain dunes as flexible coastal flood defense in The Netherlands [J]. Mitigation and Adaptation Strategies for Global Change,2015,20(6):913-928.

[20] LILLIS M,COSTANZO L,BIANCO P M,et al. Sustainability of sand dune restoration along the Coast of the Tyrrhenian sea[J]. Journal of Coastal Conservation,2004,10(1):93-100.

[21] KRAUSS K W,WHITBECK J L,HOWARD R J. On the relative roles of hydrology,salinity,temperature,and root productivity in controlling soil respiration from coastal swamps (freshwater)[J]. Plant and Soil, 2012,358(1/2):265-274.

[22] DUGAN J E, HUBBARD D M. Loss of coastal strand habitat in southern California:the role of beach grooming [J]. Estuaries and Coasts,2010,33(1):67-77.

[23] PYE K,BLOTT S J,HOWE M A. Coastal dune stabilization in Wales and requirements for rejuvenation [J]. Journal of Coastal Conservation,2014,18(1):27-54.

[24] DAY J W,BRITSCH L D,HAWES S R,et al. Pattern and process of land loss in the Mississippi Delta:a Spatial and temporal analysis of wetland habitat change[J]. Estuaries,2000,23(4):425-438.

[25] 杨洪晓,褚建民,张金屯. 山东半岛滨海沙滩前缘的野生植物[J]. 植物学报,2011,46(1):50-58.

[26] GORNISH E S,MILLER T E. Using long-term census data to inform restoration methods for coastal dune vegetation [J]. Estuaries and Coasts,2013,36(5):1014-1023.

［27］OTT T，AARDE R J. Coastal dune topography as a determinant of abiotic conditions and biological community restoration in northern KwaZulu-Natal，South Africa ［J］. Landscape and Ecological Engineering，2014，10(1)：17-28.

［28］MAYENCE C E，HESTER M W. Growth and allocation by a keystone wetland plant，Panicum hemitomon，and implications for managing and rehabilitating coastal freshwater marshes，Louisiana，USA ［J］. Wetlands Ecology and Management，2010，18(2)：149-163.

［29］ACOSTA A，CARRANZA M L，IZZI C F. Are there habitats that contribute best to plant species diversity in coastal dunes? ［J］. Biodiversity and Conservation，2008，18(4)：1087-1098.

［30］MARCANTONIO M，ROCCHINI D，OTTAVIANI G. Impact of alien species on dune systems：a multifaceted approach[J]. Biodiversity and Conservation，2014，23(11)：2645-2668.

［31］IVAJNŠIČ D，KALIGARIČ M. How to preserve coastal wetlands，threatened by climate change-driven rises in sea level[J]. Environmental Management，2014，54(4)：671-684.

［32］朱叶飞，蔡则健.基于RS与GIS技术的江苏海岸带湿地分类[J].江苏地质，2007，31(3)：236-241.

［33］陈渠.基于3S的福建湿地类型及其分布研究[D].福州：福建师范大学，2007.［万方］

［34］唐小平，黄桂林.中国湿地分类系统的研究[J].林业科学研究，2003，16(5)：531-539.

［35］董玉祥，马骏，黄德全.福建长乐海岸横向前丘表面粒度分异研究[J].沉积学报，2008，26(5)：813-819.

［36］MORENO-CASASOLA P. Sand movement as a factor in the distribution of plant communities in a coastal dune system[J]. Vegetatio，1986，65(2)：67-76.

［37］GRIFFITHS M E，ORIANS C M. Salt spray differentially affects water status，necrosis，and growth in coastal sandplain heathland species[J]. American Journal of Botany,2003,90(8):1188-1196.

[38] 李志龙.华南岬间海湾沙质海岸平衡形态与侵蚀机制[D].广州:中山大学,2006.[万方]

[39] FAGGI A,DADON J. Temporal and spatial changes in plant dune diversity in urban resorts[J]. Journal of Coastal Conservation,2011,15(4):585-594.

[40] 罗涛,杨小波,黄云峰,等.中国海岸沙生植被研究进展[J].亚热带植物科学,2008,37(1):70-75.

[41] MAUN M A. Adaptations of plants to burial in coastal sand dunes[J]. Canadian Journal of Botany,1998,76(5):713-738.

[42] GORNISH E S,MILLER T E. Effects of storm frequency on dune vegetation[J]. Global Change Biology,2010,16(10):2668-2675.

[43] LUCREZI S,SAAYMAN M,MERWE P. Influence of infrastructure development on the vegetation community structure of coastal dunes: Jeffreys Bay,South Africa[J]. Journal of Coastal Conservation,2014,18(3):193-211.

[44] LUNDBERG A. A controversy between recreation and ecosystem protection in the sand dune areas on Karmøy,Southwestern Norway [J]. GeoJournal,1984,8(2):147-157.

[45] KUTIEL P,DANIN A. Annual-species diversity and aboveground phytomass in relation to some soil properties in the sand dunes of the northern Sharon Plains,Israel[J]. Vegetatio,1987,70(1):45-49.

[46] 邓义,陈树培,梁志贤.广东滨海沙滩沙生植被的改造利用[J].热带地理,1988,8(4):309-314.

[47] AVIS A M. An evaluation of the vegetation developed after artificially stabilizing South African coastal dunes with indigenous species[J]. Journal of Coastal Conservation,1995,1(1):41-50.

[48] CORKIDI L,RINCÓN E. Arbuscular mycorrhizae in a tropical sand dune ecosystem on the Gulf of Mexico[J]. Mycorrhiza,1997,7(1):17-23.

[49] DEGRAER S,MOUTON I,NEVE L,et al. Community structure and intertidal zonation of the macrobenthos on a macrotidal, ultra-dissipative sandy beach:Summer-winter comparsion[J]. Estuaries, 1999,22(3):742-752.

[50] 徐德成.胶东海岸的沙生植被[J].生态学杂志,1991,10(4):58-61.[维普]

[51] 徐德成.山东海岸沙生植被的初步研究[J].海岸工程,1992,11(4):59-65.

[52] 刘昉勋,宗世贤,黄致远.江苏省海滩植被演替的研究[J].植物资源与环境,1992,1(1):13-17.

[53] WILLIAMS A T,DAVIES P. Coastal dunes of Wales:vulnerability and protection[J]. Journal of Coastal Conservation,2001,7(2):145-154.

[54] DEAN R G,DALRYMPLE R A. Coastal processes with engineering applications[M]. Cambridge:Cambridge University Press,2001.

[55] FRANKS S J,PETERSON C J. Burial disturbance leads to facilitation among coastal dune plants[J]. Plant Ecology,2003,168(1):13-21.

[56] DUBOIS S, GELPI C G, CONDREY R E, et al. Diversity and composition of macrobenthic community associated with sandy shoals of the Louisiana continental shelf[J]. Biodiversity and Conservation, 2009,18(14):3759-3784.

[57] KIM D, YU K B. A conceptual model of coastal dune ecology synthesizing spatial gradients of vegetation, soil, and geomorphology [J]. Plant Ecology,2008,202(1):135-148.

[58] ABUODHA J O Z,MUSILA W M,VAN DER HAGEN H. Floristic composition and vegetation ecology of the Malindi Bay coastal dune field,Kenya[J]. Journal of Coastal Conservation,2003,9(2):97.

[59] THOMPSON L M C,SCHLACHER T A. Physical damage to coastal dunes and ecological impacts caused by vehicle tracks associated with beach camping on sandy Shores:a case study from Fraser Island,

Australia[J]. Journal of Coastal Conservation,2008,12(2):67-82.

[60] 杨小波,胡荣桂.热带滨海沙滩上森林植被的组成成分与土壤性质的研究[J]. 生态学杂志,2000,19(4):6-11.

[61] 张治国,王仁卿,陆健健.胶东沿海砂生植被基本特征及主要建群种空间分布格局的研究[J].山东大学学报(理学版),2002,37(4):364-368.

[62] 杨洪晓,张金屯.践踏对黄海中部沙滩草本群落的影响[J].草业学报,2010,19(3):228-232.

[63] 刘宝贤.日照海岸不同沙生植物群落特征及其土壤特性变化研究[D].泰安:山东农业大学,2014.

[64] 胡君,刘启新,吴宝成,等.江苏海州湾沿海沙滩植被的种类组成与群落变化[J].植物资源与环境学报,2013,22(2):98-107.

[65] CASTIÑEIRA LATORRE E, FAGÚNDEZ C, COSTA E, et al. Composition and vegetation structure in a system of coastal dunes of the "de la Plata" river, Uruguay:a comparison with Legrand's descriptions (1959)[J]. Brazilian Journal of Botany,2013,36(1):9-23.

[66] FERRAZ E M N, ARAÚJO E D L, DA SILVA S I. Floristic similarities between lowland and montane areas of Atlantic Coastal Forest in Northeastern Brazil[J]. Plant Ecology,2004,174(1):59-70.

[67] 张敏,潘艳霞,杨洪晓.山东半岛潮上带沙草地的物种多度格局及其对人为干扰的响应[J].植物生态学报,2013,37(6):542-550.

[68] NISHIJIMA H,NAKATA M. Relationship between plant cover type and soil properties on Syunkunitai coastal sand dune in eastern Hokkaido[J]. Ecological Research,2004,19(6):581-591.

[69] AGıR S U,KUTBAY H G,KARAER F,et al. The classification of coastal dune vegetation in Central Black Sea Region of Turkey by numerical methods and EU habitat types[J]. Rendiconti Lincei,2014,25(4):453-460.

[70] ESPEJEL I. A phytogeographical analysis of coastal vegetation in the yucatan peninsula[J]. Journal of Biogeography,1987,14(6):499.

[71] 赵艳云,胡相明,刘京涛,等.黄河三角洲贝壳堤岛植被特征分析[J].水

土保持通报,2011,31(2):177-180.

[72] 田家怡,夏江宝,孙景宽. 黄河三角洲贝壳堤岛生态保护与恢复[M]. 北京:化学工业出版社,2011.

[73] CARRANZA M L,ACOSTA A T R,STANISCI A,et al. Ecosystem classification for EU habitat distribution assessment in sandy coastal environments:an application in central Italy[J]. Environmental Monitoring and Assessment,2008,140(1/2/3):99-107.

[74] ÁLVAREZ-MOLINA L L,MARTÍNEZ M L,PÉREZ-MAQUEO O, et al. Richness,diversity,and rate of primary succession over 20 year in tropical coastal dunes[J]. Plant Ecology,2012,213(10):1597-1608.

[75] MILLER T E,GORNISH E S,BUCKLEY H L. Climate and coastal dune vegetation:disturbance, recovery, and succession[J]. Plant Ecology,2009,206(1):97-104.

[76] GRIFFITHS M E,ORIANS C M. Salt spray differentially affects water status, necrosis, and growth in coastal sandplain heathland species[J]. American Journal of Botany,2003,90(8):1188-1196.

[77] LEE J S,IHM B S,CHO D S,et al. Soil particle sizes and plant communities on coastal dunes[J]. Journal of Plant Biology,2007,50(4):475-479.

[78] BERMÚDEZ R,RETUERTO R. A sunny day at the beach: Ecophysiological assessment of the photosynthetic adaptability of coastal dune perennial herbs by chlorophyll fluorescence parameters [J]. Photosynthetica,2014,52(3):444-455.

[79] COMTE J C,JOIN J L,BANTON O,et al. Modelling the response of fresh groundwater to climate and vegetation changes in coral Islands [J]. Hydrogeology Journal,2014,22(8):1905-1920.

[80] TURNER B L,WELLS A,ANDERSEN K M,et al. Patterns of tree community composition along a coastal dune chronosequence in lowland temperate rain forest in New Zealand[J]. Plant Ecology,2012, 213(10):1525-1541.

[81] TSVUURA Z, GRIFFITHS M E, GUNTON R M, et al. Ecological filtering by a dominant herb selects for shade tolerance in the tree seedling community of coastal dune forest[J]. Oecologia, 2010, 164 (4):861-870.

[82] BOYES L J, GUNTON R M, GRIFFITHS M E, et al. Causes of arrested succession in coastal dune forest[J]. Plant Ecology,2011,212 (1):21-32.

[83] DAMGAARD C, THOMSEN M P, BORCHSENIUS F, et al. The effect of grazing on biodiversity in coastal dune heathlands[J]. Journal of Coastal Conservation,2013,17(3):663-670.

[84] ZUNZUNEGUI M, ESQUIVIAS M P, OPPO F, et al. Interspecific competition and livestock disturbance control the spatial patterns of two coastal dune shrubs[J]. Plant and Soil,2012,354(1/2):299-309.

[85] MUHAMED H, LINGUA E, MAALOUF J P, et al. Shrub-oak seedling spatial associations change in response to the functional composition of neighbouring shrubs in coastal dune forest communities [J]. Annals of Forest Science,2015,72(2):231-241.

[86] KOLLMANN J, FREDERIKSEN L, VESTERGAARD P, et al. Limiting factors for seedling emergence and establishment of the invasive non-native Rosa rugosa in a coastal dune system[J]. Biological Invasions,2007,9(1):31-42.

[87] VECCHIO S D, PIZZO L, BUFFA G. The response of plant community diversity to alien invasion:evidence from a sand dune time series[J]. Biodiversity and Conservation,2015,24(2):371-392.

[88] AUDET P,GRAVINA A,GLENN V,et al. Structural development of vegetation on rehabilitated North Stradbroke Island: Above/ belowground feedback may facilitate alternative ecological outcomes [J]. Ecological Processes,2013,2(1):1-17.

[89] FERNÁNDEZ MONTONI M V, FERNÁNDEZ HONAINE M, DEL RÍO J L. An assessment of spontaneous vegetation recovery in

aggregate Quarries in coastal sand dunes in Buenos Aires Province, Argentina[J]. Environmental Management,2014,54(2):180-193.

[90] JOHNSTON E, ELLISON J C. Evaluation of beach rehabilitation success, Turners Beach, Tasmania [J]. Journal of Coastal Conservation,2014,18(6):617-629.

[91] KEIJSERS J G S,GIARDINO A,POORTINGA A,et al. Adaptation strategies to maintain dunes as flexible coastal flood defense in The Netherlands[J]. Mitigation and Adaptation Strategies for Global Change,2015,20(6):913-928.

[92] RODRÍGUEZ-ECHEVERRÍA S, ROILOA S R, PEÑA E, et al. Transplanting native woody legumes: a suitable option for the revegetation of coastal dunes[J]. Ecological Research,2015,30(1): 49-55.

[93] 李树荣.滨州贝壳堤岛与湿地碳通量地面监测研究[D].大连海事大学,2013.

[94] LIU B, ZHAO W Z, WEN Z J, et al. Floristic characteristics and biodiversity patterns in the Baishuijiang river basin, China [J]. Environmental Management,2009,44(1):73-83.

[95] 张绪良,叶思源,印萍,等.黄河三角洲滨海湿地的维管束植物区系特征[J].生态环境学报,2009,18(2):600-607.

[96] 刘全儒,张潮,康慕谊.小五台山种子植物区系研究[J].植物研究,2004,24(4):499-506.

[97] VOLIS S,BLECHER M. Quasi in situ:a bridge between ex situ and in situ conservation of plants[J]. Biodiversity and Conservation,2010,19(9):2441-2454.

[98] MÉRIGOT B, BERTRAND J A, MAZOUNI N, et al. A multi-component analysis of species diversity of groundfish assemblages on the continental shelf of the Gulf of Lions (north-western Mediterranean Sea)[J]. Estuarine,Coastal and Shelf Science,2007,73(1/2):123-136.

[99] 胡君,刘启新,吴宝成,等.江苏海州湾沿海沙滩植被的种类组成与群落变化[J].植物资源与环境学报,2013,22(2):98-107.

[100] 苏亚拉图.阿鲁科尔沁国家级自然保护区植物区系及其民族植物学研究[D].呼和浩特:内蒙古农业大学,2013.

[101] 吴征镒.中国种子植物属的分布类型[J].云南植物研究,1991,增刊IV:1-139.

[102] 王娟,马钦,杜凡,等.云南大围山种子植物区系海拔梯度格局分析[J].植物生态学报,2005,29(6):894-900.[万方]

[103] 刘利.中国不同地区滨海湿地植物区系的性质及类似关系[J].植物科学学报,2014,32(5):453-459.

[104] 莫训强,李洪远,郝翠,等.天津市滨海新区湿地优势植物区系特征研究[J].水土保持通报,2009,29(6):79-83.

[105] 张凤娟,孟宪东,金幼菊.秦皇岛海岸带种子植物区系的初步研究[J].河北科技师范学院学报,2004,18(4):27-30.

[106] 张绪良,谷东起,陈东景,等.莱州湾南岸滨海湿地维管束植物的区系特征及保护[J].生态环境,2008,17(1):86-92.

[107] 张绪良,丰爱平,隋玉柱,等.胶州湾海岸湿地维管束植物的区系特征与保护[J].生态学杂志,2006,25(7):822-827.

[108] 邵秋玲,解小丁,李法曾.黄河三角洲国家级自然保护区植物区系研究[J].西北植物学报,2002,22(4):223-227.

[109] ESTIARTE M,PUIG G,PEÑUELAS J. Large delay in flowering in continental versus coastal populations of a Mediterranean shrub, Globularia alypum[J]. International Journal of Biometeorology,2011, 55(6):855-865.

[110] BENOT M L,MONY C,MERLIN A,et al. Clonal growth strategies along flooding and grazing gradients in Atlantic coastal meadows[J]. Folia Geobotanica,2011,46(2/3):219-235.

[111] 潘怀剑,田家怡,谷奉天.黄河三角洲贝壳海岛与植物多样性保护[J].海洋环境科学,2001,20(3):54-59.

[112] ZINNERT J C,NELSON J D,HOFFMAN A M. Effects of salinity

on physiological responses and the photochemical reflectance index in two co-occurring coastal shrubs[J]. Plant and Soil,2012,354(1/2): 45-55.

[113] VASHISTHA R K, RAWAT N, CHATURVEDI A K, et al. Characteristics of life-form and growth-form of plant species in an alpine ecosystem of North-West Himalaya[J]. Journal of Forestry Research,2011,22(4):501-506.

[114] KNEVEL I C, LUBKE R A. Reproductive phenology of Scaevola plumieri:a key coloniser of the coastal foredunes of South Africa[J]. Plant Ecology,2005,175(1):137-145.

[115] WILTON A D,BREITWIESER I. Composition of the New Zealand seed plant flora[J]. New Zealand Journal of Botany,2000,38(4):537-549.

[116] PEINADO M,AGUIRRE J L,DELGADILLO J,et al. Zonobiomes, zonoecotones and azonal vegetation along the Pacific Coast of North America[J]. Plant Ecology,2007,191(2):221-252.

[117] DURIGON J, WAECHTER J L. Floristic composition and biogeographic relations of a subtropical assemblage of climbing plants [J]. Biodiversity and Conservation,2011,20(5):1027-1044.

[118] 张伟,赵善伦.山东植物区系分区研究[J].广西植物,2002,22(1): 29-34.

[119] 方精云,王襄平,沈泽昊,等.植物群落清查的主要内容、方法和技术规范[J].生物多样性,2009,17(6):533-548.

[120] HILL MO,? MILAUER P. TWINSPAN for Windows version 2.3. Centre for Ecology and Hydrology & University of South Bohemia, Huntingdon & Ceske Budejovice. 2005. Available at:http://www. canodraw. com/wintwins. htm.

[121] 刘云芳.半干旱区湿地植被特征研究:以盐池四儿滩湿地为例[D].北京:北京林业大学,2008.

[122] 徐正会,蒋兴成,陈志强,等.高黎贡山自然保护区东坡垂直带蚂蚁群

落研究[J].林业科学研究,2001,14(2):115-124.

[123] 沈蕊,张建利,何彪,等.元江流域干热河谷草地植物群落结构特征与相似性分析[J].生态环境学报,2010,19(12):2821-2825.

[124] 马惠.重庆市四面山森林植物群落类型及其分布[D].北京:北京林业大学,2010.

[125] XIA J B,ZHANG G C,ZHANG S Y,et al. Photosynthetic and water use characteristics in three natural secondary shrubs on Shell Islands, Shandong, China [J]. Plant Biosystems-an International Journal Dealing With All Aspects of Plant Biology,2014,148(1):109-117.

[126] XIE W J,ZHAO Y Y,ZHANG Z D,et al. Shell sand properties and vegetative distribution on shell ridges of the Southwestern Coast of Bohai Bay[J]. Environmental Earth Sciences,2012,67(5):1357-1362.

[127] ZHANG G H,LIU G B,ZHANG P C,et al. Influence of vegetation parameters on runoff and sediment characteristics in patterned Artemisia capillaris plots[J]. Journal of Arid Land, 2014, 6(3): 352-360.

[128] SCOTT J J, KIRKPATRICK J B. Changes in the cover of plant species associated with climate change and grazing pressure on the Macquarie Island coastal slopes,1980-2009[J]. Polar Biology,2013, 36(1):127-136.

[129] BARTON P S, IKIN K, SMITH A L, et al. Vegetation structure moderates the effect of fire on bird assemblages in a heterogeneous landscape[J]. Landscape Ecology,2014,29(4):703-714.

[130] YANG Y H,JI C J,ROBINSON D, et al. Vegetation and soil 15N natural abundance in alpine grasslands on the Tibetan Plateau: patterns and implications[J]. Ecosystems,2013,16(6):1013-1024.

[131] MARASCO A, IUORIO A, CARTENÍ F, et al. Vegetation pattern formation due to interactions between water availability and toxicity in plant-soil feedback[J]. Bulletin of Mathematical Biology,2014,76 (11):2866-2883.

[132] JIM C Y. Effect of vegetation biomass structure on thermal performance of tropical green roof[J]. Landscape and Ecological Engineering,2012,8(2):173-187.

[133] LEE J M,LEE S W,LIM J H,et al. Effects of heterogeneity of pre-fire forests and vegetation burn severity on short-term post-fire vegetation density and regeneration in Samcheok, Korea [J]. Landscape and Ecological Engineering,2014,10(1):215-228.

[134] EISENLOHR P V, ALVES L F, BERNACCI L C, et al. Disturbances, elevation, topography and spatial proximity drive vegetation patterns along an altitudinal gradient of a top biodiversity hotspot[J]. Biodiversity and Conservation,2013,22(12):2767-2783.

[135] SUTHERLAND W J. Manual of ecology surveymethods [M]. Beijing:Scientific and Technical Documents Press,1999.

[136] 赖江山,米湘成. 基于 Vegan 软件包的生态学数据排序分析[C]. 国际生物多样性计划中国委员会,2010.

[137] LEPŠ J,ŠMILAUER P. Multivariate analysis of ecological data using CANOCO[M]. Cambridge:Cambridge University Press,2003.

[138] ZHANG J,CRIST T O,HOU P J. Partitioning of α and β diversity using hierarchical Bayesian modeling of species distribution and abundance[J]. Environmental and Ecological Statistics,2014,21(4):611-625.

[139] PEYRAT J,FICHTNER A. Plant species diversity in dry coastal dunes of the southern Baltic Coast[J]. Community Ecology,2011,12(2):220-226.

[140] MORI A S,FUJII S,KITAGAWA R,et al. Null model approaches to evaluating the relative role of different assembly processes in shaping ecological communities[J]. Oecologia,2015,178(1):261-273.

[141] JIANG J, DEANGELIS D L, SMITH T J, et al. Spatial pattern formation of coastal vegetation in response to external gradients and positive feedbacks affecting soil porewater salinity:a model study[J].

Landscape Ecology,2012,27(1):109-119.

[142] 高润梅,石晓东,郭跃东.山西文峪河上游河岸林群落稳定性评价[J].
植物生态学报,2012,36(6):491-503.

[143] 王鲜鲜,张克斌,王晓,等.宁夏盐池四儿滩湿地－干草原植被群落稳
定性研究[J].生态环境学报,2013,22(5):743-747.

[144] 郭垚鑫.秦岭山地红桦林群落的稳定性及其维持机制研究[D].杨凌:
西北农林科技大学,2013.

[145] 张继义,赵哈林.植被(植物群落)稳定性研究评述[J].生态学杂志,
2003,22(4):42-48.

[146] 张继义,赵哈林.短期极端干旱事件干扰下退化沙质草地群落抵抗力
稳定性的测度与比较[J].生态学报,2010,30(20):5456-5465.

[147] GODRON M. Some aspects of heterogeneity in grasslands ofcantal.
Statistical Ecology,1972,3:397-415.

[148] MARTÍNEZ M L, GALLEGO-FERNÁNDEZ J B, GARCÍA-
FRANCO J G, et al. Assessment of coastal dune vulnerability to
natural and anthropogenic disturbances along the Gulf of Mexico[J].
Environmental Conservation,2006,33(2):109-117.

[149] CICCARELLI D, BACARO G, CHIARUCCI A. Coastline dune
vegetation dynamics:evidence of No stability[J]. Folia Geobotanica,
2012,47(3):263-275.

[150] TILMAN D. Biodiversity:population versus ecosystem stability[J].
Ecology,1996,77(2):350-363.

[151] 钱迎倩,马克平.生物多样性研究的原理与方法:生物多样性研究系列
专著 1[M].北京:中国科学技术出版社,1994.

[152] 王国宏.再论生态系统的多样性与稳定性[J].生物多样性,2006,17
(1):22-26.

[153] 金山,胡天华,赵春玲,等.宁夏贺兰山自然保护区植物优先保护级别
研究[J].北京林业大学学报,2010,32(2):113-117.

[154] BEUMER C,MARTENS P. IUCN and perspectives on biodiversity
conservation in a changing world[J]. Biodiversity and Conservation,

2013,22(13/14):3105-3120.

[155] 成克武,臧润国.物种濒危状态等级评价概述[J].生物多样性,2004,12(5):534-540.

[156] 邹大林,何友均,林秦文,等.三江源玛可河林区植物濒危程度和保护类别评价[J].北京林业大学学报,2006,28(3):20-25.

[157] LILLIS M, COSTANZO L, BIANCO P M, et al. Sustainability of sand dune restoration along the Coast of the Tyrrhenian sea[J]. Journal of Coastal Conservation,2004,10(1):93-100.